中京大学経済学研究叢書第11輯

投入産出分析と最適制御の環境保全への応用

中山恵子 著

keiso shobo

はしがき

近年，環境問題は，世界レベルで取り組むべき課題となっている．

本書では，昨今の関心事である環境問題を，経済学の伝統的枠組みの中で，理論的に分析することを意図している．この目的にしたがい，本書は，以下の4章および数学的補論から構成される．

第1章　「Leontief の投入産出モデルにおける課税と補助金」
第2章　「浄化活動を含んだ Leontief 体系における最終需要の再分配効果」
第3章　「最適成長と環境制御」
第4章　「ファジイ制御による汚染物質の許容水準の決定」

最初に，本書の指針を示すため，各章間の関係を述べる．

本書は，第1章，第2章と第3章，第4章に大別される．前者は，静学的な投入産出（あるいは産業連関）分析を，後者は，動学的な最適制御による分析を行っている．両者とも，環境保全を意図する理論的分析であるが，このような構成をとった理由は，(i)前者では，非模索的市場機構を前提しながら，主として，誘導的な環境保全政策の効果を比較静学的に分析し，後者では，規範的な環境保全政策を動学的に分析することによって，環境保全問題の全体像を眺望できると考えたこと，および(ii)その一部に若干の修正を加え，数学的補論として，末尾に記載した拙著，『非線形計画と非線形固有値問題』の分析手段が双方に応用可能であったからである．

第1章および第2章では，環境保全問題を考える以上，模索過程に比して，より現実的な市場機構である非模索過程を仮定した．この意味で，これら2章は，いわゆるKeynes理論の多部門版であるが，Keynes理論は，中間投入を捨象した付加価値ベースで分析を進めるのに対し，投入産出分析では，中間投入循環を重視し，生産活動から発生する所得が最終需要に影響を及ぼすルート（生産活動の最終需要誘発効果）—たとえば，Keynes的な消費関数—を無視することが多い．しかし，生産活動の最終需要誘発効果を第2章の分析枠に組み入れることは，それほど困難ではない（付録）．

これに対し，第3章と第4章では，もっぱら最適制御に基づく動学的な直接規制を考察する．この最適制御モデルの最適解として均斉成長経路が存在すれば，それは政策当局が政策目標を達成する上での有用な指針となる．なぜならば，現実の市場経済においても，政策当局は，この均斉成長経路を達成する，あるいは，少なくともそこへ接近するような誘導的方策（第1章，第2章における誘導政策が含まれることもあり得る）を立案すればよいからである．これが，第3章および第4章で最適制御に基づく規範的分析を行った最大の理由である．

なお，第4章は，第3章で扱った理論的枠組みへのファジイ制御の適用を，簡単な例を用いて提言した．1980年代以降，産業レベルでのファジイ制御の利用は加速度的に進んではいるものの，経済理論に立脚した研究は必ずしもそうではない．それゆえ，本章における1つの提言は，少なからず有意味であろう．

次に，第1章と第2章の関係について触れよう．これら2章では，いずれも静学的開放Leontief体系を分析対象としている．通常の投入産出分析において，①$(\boldsymbol{I}-\boldsymbol{A})\boldsymbol{x}=\boldsymbol{f}$を実物体系，②$\boldsymbol{p}(\boldsymbol{I}-\boldsymbol{A})=\boldsymbol{v}$を価格体系と呼び，①と②を合わせLeontief体系と称している．ただし，$\boldsymbol{I}$は単位行列，$\boldsymbol{A}$は投入係数行列，$\boldsymbol{x}$，$\boldsymbol{f}$，$\boldsymbol{p}$，$\boldsymbol{v}$のそれぞれが産出ベクトル（列ベクトル），最終需要ベクトル（列ベクトル），価格ベクトル（行ベクトル），付加価値ベクトル（行ベクトル）を表し，$(\boldsymbol{I}-\boldsymbol{A})$をLeontief行列という．形式的には，①と②の解は，互いに他の転置となっている（いわゆる，Leontief体系の双対性）から，一方の体系で確立された外生ベクトル（①では f，②では v）変動効果の分析技法は，もう一方の体系へも適用可能である．この視点から，Metzler (1951) による課税・補助金政策（ある産業に課税し，他の産業に補助金を付与する）の均衡価格に及ぼす効果の分析を基調としながら，その分析技法の精緻化に努め，わずかではあるが，新知見も得た．したがって，第1章は，第2章における実物体系を対象とした最終需要再配分効果（ある産業から最終需要の一部を削減し，他の産業に配分する）を分析するための技術的準備としての性格も持っている．

以下に，各章の概要を述べる．

第1章　Leontief の投入産出モデルにおける課税と補助金

本章では，Metzler (1951) にしたがって，n 産業から構成される経済を想定し，政府がある1つの産業に課税し，それから得られる税収をもう1つの産業を補助するために費やすと仮定する．

静学的開放 Leontief 体系における課税・補助金政策の均衡価格体系に及ぼす効果は，Metzler (1951) の先駆的分析の後，さらに，多数の研究者によって展開された．殊に，Atsumi (1981) は，課税収入＝補助金総額を前提として得られる Metzler の結論が，(i)Metzler 自身の考えた程には限定的でないこと，および(ii)動学的調整過程が安定である限り，従量税を従価税に置き換えても結論は保持されることを Metzler とは異なる手法で論証した．したがって，1.3 では，Metzler (1951) と Atsumi (1981) で導出された数学的帰結を M 行列の概念を利用して，統一的に記述し，Metzler 自身の証明方法に若干の改良を加えた証明を行った．M 行列とは，任意の主座小行列が正かつ非対角要素が非正の実正方行列である．ここで導出された M 行列に関する定理（[定理 1-1]，[定理 1-2]）は，本章および次章の分析に非常に有益である．なお，本章で Metzler (1951) の証明方法を復活させたのは，Atsumi (1981) の証明方法が，その逆行列の各列（ないしは各行）の要素に1つでも0が含まれるような M 行列（分解可能な

M行列では，この可能性は，必ずしも小さくない）に対しては，適用できない可能性が存在するからである．

1.4は，課税・補助金政策の実施によって生ずる均衡価格の変化に関してこれまでに確立されてきた結論を，従来とは異なった方法で証明した．簡略のため，課税される産業，補助される産業を，それぞれ第t産業，第s産業で示し，Leontief逆行列の第(i, j)要素を$b_{ij}(i, j=1, \cdots, n)$で表そう．ただし，Leontief逆行列は，Leontief行列$(\boldsymbol{I}-\boldsymbol{A})$の逆行列であり，$b_{ij}$は，第$j$産業への最終需要が1単位増加し，他産業への最終需要に変化がなかったときに，変化後の最終需要に対応する均衡産出ベクトルを達成するために，第i財が直接・間接にどれほど必要とされるかを表している．

従量税を課した場合に得られる主要な結果は，(i-i)第t産業の課税・補助金政策実施後の価格は，実施前の価格を下回らず，(i-ii)第s産業の政策実施後の価格は，実施前の価格を上回らない．また，(ii-i)tを除いたすべてのiに対して，$b_{ti}=0$ならば，第i産業の政策実施後の価格は，実施前の価格を上回らず，一方，(ii-ii)sを除いたすべてのiに対して，$b_{si}=0$ならば，第i産業の政策実施後の価格は，実施前の価格を下回らない（[定理1-3]）．次に，従量税を従価税に置き換えて考察する．このとき，分析は若干，複雑化するものの，課税・補助金政策の実施は，従量税を課した場合と同様の効果を均衡価格にもたらすことが示された．さらに，Atsumi (1981)は，調整過程の安定性の十分条件については，何ら言及していなかったため，その点を考慮し，ここでは，安定性を保証する従価税率の選択範囲も求めた．

さて，従来の研究では，課税・補助金政策を実施する際，課税部門(t)，補助部門(s)のいずれもが政策当局によって恣意的に指定されるものとして扱ってきたが，政策当局が，これら部門をいかに選択すべきかに興味を抱くことは当然であろう．いうまでもなく，両部門は政策がより効率的に作用するよう選択されることが望ましい．そこで，1.5では，これまで考慮されていなかったこれら部門をいかに選択するかを論じている．課税・

補助金政策の効果を測る尺度は，必ずしも一義的ではないが，1つの尺度として，政策実施後の均衡価格が上昇しない財の数を採用し，そうした財の数を最大化する(t, s)の対を見出すことは，容易かつ合理的と思われる．また，この尺度は，1.4で求められた結果（[定理1-4]）により，対象とする税が従量税であるか従価税であるかにかかわらず，有効である．なお，課税部門と補助部門の選択に関する議論は，2.5で詳細に述べられる．

第2章　浄化活動を含んだLeontief体系における最終需要の再分配効果

Leontief（1970）が汚染物質の浄化活動を含む投入産出モデルを提唱して以来，このLeontiefの枠組みを用いて，多数の論者がさまざまな視点から，環境浄化対策を論じてきた．しかしながら，Leontiefの枠組みでなされてきたこれまでの研究では，最終需要と価格の双方に直接的に影響を与える政策効果の分析には何ら関心が払われていない．

したがって，本章では，第1章で扱ったモデルに浄化活動を加えたLeontief体系において，最終需要の再分配政策に着眼し，次の2つの問題を考察する．

第1の問題は，ある産業に対する最終需要を削減し，その削減分を，他の産業（たとえば，汚染浄化産業）に補助金として与えた場合，均衡産出および均衡価格にいかなる影響が生じるかであり，2.3がこの分析にあてられる．第2の問題は，ある産業から削減した最終需要を，別の産業の最終需要に振り分けることによって生ずる効果の分析で，2.4で考察される．

2.2では，通常の投入産出分析と同様，非結合生産を仮定し，m種の財の生産過程から，$(n-m)$種の汚染物質が排出されるが，これら汚染物質の浄化にあたる$(n-m)$産業が稼動している経済を想定する．なお，本章でも，前章と同様，Leontief行列がM行列であると仮定する．次に，線形計画モデルとして構築された投入産出モデルの諸性質を利用して，汚染除去活動の陽表化が一国の経済活動の集約的表現である国民所得概念に及ぼす影響，すなわち，未処理汚染の評価額だけ国民所得が減少すること，および，いわゆるLeontief (1970) の体系における国民所得の三面等価の原則を記述・証明する．

2.3では，ある財に対する最終需要を削減することによって得られる資金を，他産業，中でも浄化産業に補助金として与える政策に注目する．われわれの主要な関心が環境浄化にあるならば，その生産が環境を著しく悪化させる財の最終需要を減少させることは，環境悪化の速度に歯止めをかけるであろう．なぜなら，その削減は，少なくとも，この財の産出を減少させるからである．なお，本章で分析対象とするのは，2タイプの補助金，すなわち，①産業の生産費用に直接影響を与える補助金と②浄化産業の技術進歩を促すことを目的とする補助金である．①のタイプの補助金は，生産費用の一部に充当され，問題としている最終需要の削減による産出の低下によってもたらされる負の効果（たとえば，雇用の減退）を緩和させるために利用されるかもしれない．他方，②の補助金は，汚染物質の浄化活動における非体化的技術進歩を加速するように用いられるであろう．

なお，主要な結果を述べるにあたり，簡略のため，以下では，最終需要を削減する産業を第 r 産業，補助される浄化産業を第 s 産業，Leontief逆行列の第 (i, j) 要素を $b_{ij}(i, j=1, \cdots, n)$ と表そう．

①では，(i)すべての財の産出は増加せず，(ii)全般的な価格下落（非騰貴）がもたらされることが明らかとなった．また，②では，補助金が意図する技術革新は，(iii)全産業の産出を増加させず，(iv)すべての価格を上昇させず，全般的に下落傾向に向かわせることが得られた．

2.4は，本章のいわば核であり，最終需要の再分配方式が均衡産出に及ぼす効果の分析にあてられる．

静学的な投入産出分析では，資本ストックは，すべて所与として扱われる．したがって，未処理汚染排出量に課される規制は，浄化産業の処理能力の限界，すなわち，キャパシティ・リミットの範囲内に留まらざるを得ない．しかし，汚染処理産業のキャパシティ・リミットを越える排出規制を課すことが急務であるような場合には，キャパシティ・リミットの拡張が，短期的には不可能である以上，若干の産業に対する最終需要の削減を通じて排出汚染量を減少させる以外に採るべき方途は見当たらないであろう．これが，環境対策として，最終需要の再分配を考察する理由である．さらに，問題となっている汚染物質の排出量の多い産業に対する最終需要を，他の産業に再分配することにより，環境規制を達成しながらも，削減した最終需要がもたらす負の効果を和らげようと図ることは，それが実現可能ならば，望ましいと思われる．この目的のために，本章では，この再分配方式を実行した結果として生ずる均衡産出の変化を検討した．

2.3と同様，簡略のため，最終需要を削減する産業，最終需要を補助される産業を，それぞれ，第 r 産業，第 s 産業としよう．そのとき，(i)第 r 産業の再分配政策実施後の産出は，実施前の産出を超えず，逆に，(ii)第 s 産業の政策実施後の産出は，実施前の産出を下回らない．また，(iii)第 r 産業と第 s 産業以外の産業の政策実施前後の産出の大小関係は，Leontief逆行列の要素間の大小関係に依存する．さらに，許容される汚染排出限界を満たすためには，そのキャパシティ・リミットを超え，浄化活動を行わねばならない産業を第 n 産業とするとき，(iv-i) $b_{ir}=0$ ならば，第 r 産業と第 n 産業を除いたすべての第 i 産業において，実施後の産出は，実施前の産出を下回らず，(iv-ii) $b_{is}=0$ ならば，第 s 産業を除いたすべての第 i 産業において，実施後の産出は，実施前の産出を上回らない，との結論を得た（[定理2-1]）．

さらに，2.5では，これまでは政策当局が恣意的に決定するとして扱ってきた最終需要の再分配方式を適用する部門の決定方法を提言する．すなわち，ここでの関心は最終需要の一部が再分配される産業をどのように選択し，再分配によって引き起こされる均衡産出に及ぼす負の効果を最小にするような産業をいかにして決定するかにあり，そのとき，複数の選択基準が存在するであろうが，考え得る基準のうち，産出の減少する産業数を少なくするという比較的，受け入れやすい基準を検討対象とした．というのは，ある産業の産出減は，必然的にこれら産業の雇用減少をもたらすからであり，また，いくつかの産業における雇用の縮小が，総雇用の減少を導く可能性を否めないからである．したがって，「負の効果」という語句は，「潜在的負の効果」と解釈されよう．

具体的には，選択基準として，〈1〉産出を減少させる産業数を最小化し，〈2〉最終需要減少1単位あたりの負の効果を最小化する(r, s)の対を見出す．

なお，この部門の選択に関する議論は，1.5の課税部門，補助部門の選択に際しても有用である．

最後に，2.6では，これまで想定してきた通常の投入産出モデルに代わって，多地域投入産出モデルが考慮されたとき，通常のモデルの下で得られた結果―より具体的には，2.3や2.4の結論―がどの程度適用可能であるかを考察した．基礎となる投入産出モデルの変更に伴い，中央当局とともに地方当局が計画者として考慮されるべき存在となる．そこでは，中央当局は，異地域で生産された財の最終需要を再分配することができるのに対し，地方当局は，地域内で生産された財に対する最終需要をその行政区域内においてのみ再分配できる．ここでは，多地域投入産出モデルの中でも，出現頻度の高いIsard型とMoses-Chenery型の投入産出モデルを考察対象とし，Isard型がSolow (1952) の列和条件を満たすならば，Moses-Chenery型も同様であり，逆もまた真であることを確認した．したがって，Moses-Chenery型，Isard型それぞれのLeontief行列に対応する行列がM行列であるというさして制約的ではない仮定の下では，2.3と2.4で確立された結果は，いずれの多地域投入産出モデルにも拡張されることとなる．

第3章　最適成長と環境制御

最近，環境問題が重大事となるにつれて，持続可能な経済成長の概念が注目されるようになってきた．持続可能な経済成長とは，現世代が，将来世代の欲求を充足する能力を損なうことなく，自らの欲求を満たす経済成長をいう．本章の目的は，持続可能な経済成長の枠組みの中で，最適成長を論議することである．

この目的のために，われわれは新古典派的技術条件（[仮定3-1]～[仮定3-10]）の下で操業する2産業から成る経済を想定する．第1産業は，資本と労働サービスを用いて通常の財を生産すると同時に，汚染物質を排出する．汚染物質の一部は自然に浄化されるとしても，汚染を未処理のまま放置すれば，蓄積された汚染は，深刻な環境破壊を招くに違いない．この状況を回避するためには，排出汚染物質に対する厳しい規制が要求されよう．しかしながら，単なる汚染規制では，不必要に経済活動水準を押し下げるかもしれない．それゆえ，本章では，汚染物質を浄化する第2産業を仮定するとともに，排出される汚染物質の上限（以下，汚染の許容限界と略記）を設定する計画当局を想定する．その際，環境破壊をもたらす悪影響に関する知り得る限りの情報や，利用可能な技術に基づき，汚染の許容限界を伸縮的に決定することが望ましいのはいうまでもない．それゆえ，次章では，この点を考慮し，ファジイ制御を利用して，一旦設定された許容限界を再検討する．

本章の論議は，Nakayama and Uekawa (1992) に依拠しているが，そこで扱われた基本モデルは，Uekawa and Ohta (1974) におけるとほぼ同様である．したがって，本章の貢献は Uekawa and Ohta (1974) の結果を整理・精緻化するとともに，定常状態の存在を考慮しつつ，当該問題において起こり得るすべての最適成長経路を体系的に議論したことにある．

3.3では，選択すべき成長経路として，3.2で与えられた基本モデル(3-6) を制約として，将来効用の割引現在価値総和を最大にするような資本蓄積を実現する計画を考える．さらに，政策当局が排出汚染に対して課した規制を満たす最適経路の性質を検討する．その際，各時点の消費 c が各時点の産出 y を上回らないこと，およびその値以下では浄化活動を要しない $k(=\frac{K}{L}$；資本労働比率）の臨界値 $\bar{k}$ が一意的に決定されることに着目し，生じ得るすべてのケースを，以下の4つの Category,

[Category 1]: $k \leqq \bar{k}$ and $y > c$ ⇒ 定常解 k^* が存在

[Category 2]: $k \leqq \bar{k}$ and $y = c$

[Category 3]: $k > \bar{k}$ and $y > c$ ⇒ 定常解 k^{**} が存在

[Category 4]: $k > \bar{k}$ and $y = c$

に分類した．各 Category に対応した動学方程式を考察し，それぞれの Category に対応する命題を導いた（[命題 3-1] ～[命題 3-5]）．

3.4 では，位相図を用いて，当該問題の可能な最適経路のパターンを検討する．そこでは，起こり得るすべてのケースを体系的に分類し，各ケースに応じて，位相図を網羅的に描写する．さらに，浄化活動を必要とする場合とそうでない場合の定常解の関係に言及する．その結果，3.3 における Category 1，もしくは Category 3 のいずれか一方が定常状態を持つが，同時に持つことはないこと（[定理 3-1]）が導かれる．しかし，補助変数 q は，これまで得られた情報だけでは判断しかねる領域を持つため，この q の動向を分類した後，[定理 3-1] の各ケースに応じた位相図を描写した（図 3-2～図 3-4）．さらに，Arrow and Kurz（1970）にしたがい，q の漸近的性質を考察するため，全産出が減耗資本の補塡に費やされる可能性も考慮した上で，これまで扱ってきたケースを細分化し，各ケースに応じた定常解を描いた位相図を求めた（図 3-6～図 3-8，図 3-10，図 3-11）．

第 4 章　ファジイ制御による汚染物質の許容水準の決定

前章で述べたように，これまでの主たる関心は，排出された汚染物質の規制にあった．汚染物質の排出に対する規制は，汚染物質の自然浄化作用と関連して，汚染の許容限界 ε を決定する．それゆえ，政策当局によって恣意的に与えられると考えてきた ε の値をいかに決定するかを，前章で扱った分析の枠組みに取り入れることは，極めて自然であろうし，その際，ε の値が社会状況をより反映して決定されるのが好ましいことはいうまでもない．

この目的に向けて，まず，4.2 では，ε の変化が内生変数に及ぼす効果を考察し，第3章で求められた定常状態が ε の変化にいかに影響されるかを検討した．その結果，第1産業（生産と同時に汚染物質を排出する産業）で使われる労働サービス l_1 は，ε と同方向に変化すること，および第 i 産業の資本労働比率 $k_i\left(=\dfrac{K_i}{l_i}\right)(i=1,2)$ は，浄化産業が資本集約的（労働集約的）ならば，ε と同方向（逆方向）に変化すること，ならびにこの逆も真であること，すなわち，$\left(\dfrac{\partial k_i}{\partial \varepsilon}\gtreqless 0 \Leftrightarrow k_1 \gtreqless k_2 (i=1,2)\right)$が示された．また，(3-3)（$f_1'>0, f''<0$）と（3-23）（$\varepsilon=\alpha f_1(\bar{k})$）は，$\dfrac{\partial \bar{k}}{\partial \varepsilon}>0$ を意味するから，環境規制が緩やかに（厳しく）設定されるほど，Category 1 の定常解 k^*（Category 3 の定常解k^{**}）の実現する可能性が高まることも判明した．

さて，政策当局にとって，主要な関心事は，汚染の許容限界 ε の値をいかに決定するかである．しかしながら，実用的な数値を決定するには，さまざまな困難が伴う．実際，環境規制の程度は，気候的，あるいは地理的な特徴，社会制度，経済の発展段階などの当該社会の状況に応じて柔軟に決定されるべきであろうし，規制が効率的に実施されるか否かは，環境制御に用いられるモデルが，現実をいかに反映しているかに強く依拠している．にもかかわらず，現実の世界を模写するモデルの構築は，極めて困難である．したがって，われわれは試行錯誤を通して進まざるを得ない．4.3では，これらの要求に合致する1つの適切な方法として，ファジイ制御を導入した．ファジイ制御は，人間の主観的な思考や判断の仮定をモデル化し，これを定量的に取り扱うファジイ集合を1965年にZadehが提唱して以来，発展を遂げたファジイ理論に根ざしている．実際，1980年代以降，ファジィ制御の産業レベルでの実用化一たとえば，仙台地下鉄の自動運転，トンネル掘削機械，ガラス溶融炉，エアコンや掃除機をはじめとする家庭電化製品一も急速に進んだ．しかしながら，ファジイ制御の経済理論への適用は，今もって殆んどなされてはいない．それゆえ，言語的制御ともいわれ，きめ細かな人間の感覚に近い制御をその特徴とするファジイ制御を，われわれの理論的枠組みに導入し，より望ましい ε の特定化を提言することには，少なからず意味があろう．そこで，4.3では，この手法の本質を，一般性をほぼ損なうことなく，ごく簡単な例を用いて説明した.

2003年3月

中山 惠子

謝　辞

本書は，名古屋市立大学への学位申請論文に，加筆し，若干の修正を加えたものである．

最初に，名古屋市立大学経済学部以来の師である木村吉男教授（名古屋市立大学名誉教授，現岐阜聖徳学園大学教授）の長年にわたるご指導に，改めて感謝申し上げる．年月を経ても変わらぬ恩師の研究への真摯な姿勢には，敬意を払うばかりである．

本書は，著者自身のこれまでのささやかな研究成果から構成されるが，Murray C. Kemp 教授（New South Wales 大学），Geoffrey J. D. Hewings 教授（Illinois 大学），故上河泰男教授には，その基となった論文の作成において，ご教示をいただいた．また，学位審査に際しては，宮原孝夫教授，神山眞一教授，三澤哲也教授に，有益なご指導を賜った．ここに，深くお礼を申し上げる．

さらに，執筆中，塩見治人教授（名古屋市立大学），松本昭夫教授（中央大学），浅田統一郎教授（中央大学），宮田譲教授（豊橋技術科学大学），佐々木宏夫教授（早稲田大学）には，温かい励ましやご助言を授かった．また，中京大学経済学部の白井正敏教授，山田光男教授，近藤健児教授には，本書の構築段階から貴重なご意見はいうに及ばず，コンピュータのトラブル処理にいたるまでご尽力賜り，経済研究所の古閑正代さんには，勤務時間外に雑務を快くお手伝いいただいた．なお，本書は，平成 14 年度中京大学特定研究助成を負うており，中京大学経済学叢書として出版の機会を与えてくださった経済学部教授会に謝意を表す．

本書の出版にあたっては，勁草書房の宮本詳三氏に，格別のご配慮を賜った．

私事ではあるが，数年前，病に伏せた際には，思いもよらなかった通常の生活をこうして営めるのは，ひとえに佐光冨士男医師，竹内忠倫医師，および友人でもある主治医の岡田真由美医師（パリ留学中）の親身な治療の賜物であろう．

こうした方々の存在なしには，本書の完成は，到底かなわなかった．お世話になったあまたの方々に思いを巡らせ，心よりお礼を申し上げたい．

最後に，常に温かく見守ってくれる両親に，本書を捧げる．

2003年3月

中山　恵子

目　　次

投入産出分析と最適制御の環境保全への応用

第 1 章
Leontief の投入産出モデルにおける課税と補助金[*)]

1.1 はじめに

本章では，Metzler (1951) にしたがって，通常の静学的開放 Leontief 体系を考察対象とし，政府がある 1 つの産業に課税し，それから得られる税収をもう 1 つの産業に補助金として与える政府を想定し，その社会的厚生への効果を分析する．

静学的開放 Leontief 体系における課税・補助金政策の均衡価格体系に及ぼす効果に関する研究は，Metzler (1951) の先駆的分析の後，Allen (1972)，Atsumi (1981) や Kimura (1983) らにより，さらに発展を遂げた．特に，Atsumi (1981) は，課税収入＝補助金総額を前提として得られる Metzler の結論が，Metzler 自身の考えた程には制約的ではなく，しかも，動学的調整過程が安定である限り，従量税を従価税に変更しても，結論が維持されることを Metzler とは異なる手法で証明した．しかし，Atsumi の証明方法は，その適用範囲がある程度，限定される．また，従来の研究では，課税・補助金政策を実施する際，課税する部門と補助金を付与する部門のいずれもが政策当局によって恣意的に指定されるものと扱っており，政策が効率的に実施されるようにこれら部門は決定されるのが望

---

*)　本章は，主として Nakayama (1998) に基づく．

ましいにもかかわらず，両部門の指定方法には，何ら関心が払われていなかった．

したがって，本章は，以下のように構成される．第2節では，次節以降の予備として，必要とされる仮定と記号が述べられる．第3節では，Metzler (1951) や Atsumi (1981) が導出した数学的帰結を，M 行列の概念を用いて統一的に記述し，Metzler の証明方法に若干の改良を加えた証明を行う．なお，ここで述べる M 行列に関する定理は，本章と次章の分析に有用である．さらに，第4節では，課税・補助金政策が均衡価格にもたらす変化に関するこれまでに確立された結論に別証を与えるとともに，Atsumi (1981) が言及しなかった調整過程の安定性の十分条件を検討し，安定性を保証する従価税率の範囲を求める．第5節は，課税部門や補助部門をいかに合理的に選択するかを議論し，最終節は本章の検討にあてる．

1.2 予備的記述

Metzler (1951) は，静学的開放 Leontief 体系における課税・補助金が結合された方式[1)]（以降は，tax-subsidy と略記）の価格に及ぼす効果を分析した．Metzler (1951) にしたがって，n 産業から構成される経済を想定し，政府はある1つの産業に課税し，それから得られる税収をもう1つの産業を補助するために費やすと仮定しよう．

さらに，Metzler (1951) の暗黙の仮定を，以下に，明示的に設ける．

[仮定 1-1] Leontief 体系の係数行列，いわゆる，Leontief 行列が，非負の逆行列をもつ，すなわち，係数行列は，Hawkins-Simon 条件[2)] (Hawkins and Simon (1949)) を満たす．

---

1) 課税・補助金方式を，Metzler (1951) は “tax-and-subsidy scheme” と呼んでいるが，以降では，簡単のため，単に “tax-subsidy” と記述する．

2) 数学的補論［定理 MA-7］参照．

なお，必要とする記号は，次のとおりである．

$\boldsymbol{N}=\{1,\cdots,n\}$	：番号集合
$\boldsymbol{N}(k)$	：要素 $k\in\boldsymbol{N}$ を集合 $\boldsymbol{N}$ から除去して得られる $\boldsymbol{N}$ の部分集合
a_{ij}	：第 j 財1単位の生産に必要な（中間投入としての）第 i 財投入（投入係数もしくは技術係数）
$\boldsymbol{A}=(a_{ij})$	：非負の投入係数 $a_{ij}(i,j=1,\cdots,n)$ から成る n 次実正方行列（投入係数行列）
$\det\boldsymbol{A}$	：$\boldsymbol{A}$ の行列式
$adj\ \boldsymbol{A}$	：$\boldsymbol{A}$ の余因子行列
$\boldsymbol{A}\binom{i}{j}$	：$\boldsymbol{A}$ の第 i 行と第 j 列を除いて得られる行列
$\boldsymbol{a}_i(\boldsymbol{a}^i)$	：$\boldsymbol{A}$ の第 i 行（列）ベクトル
$\boldsymbol{I}$	：n 次単位行列（特に，次数を明示したい場合には，$\boldsymbol{I}_n$ と表記）
$\boldsymbol{e}_i(\boldsymbol{e}^i)$	：n 次第 i 単位行（列）ベクトル
$\boldsymbol{l}=(1,\cdots,1)^t$	：すべての要素が1である n 次列ベクトル
x_i	：第 i 財の産出
$\boldsymbol{x}=(x_1,\cdots,x_n)^t$	：産出ベクトル（列ベクトル） ただし，右上添え字 t は，t が付された行列またはベクトルの転置を表す．
f_i	：第 i 財に対する最終需要
$\boldsymbol{f}=(f_1,\cdots,f_n)^t$	：最終需要ベクトル（列ベクトル）
p_i	：第 i 財価格
$\boldsymbol{p}=(p_1,\cdots,p_n)$	：価格ベクトル（行ベクトル）
v_i	：生産された第 i 財1単位あたりの付加価値
$\boldsymbol{v}=(v_1,\cdots,v_n)$	：単位付加価値ベクトル（行ベクトル）

$(\boldsymbol{I}-\boldsymbol{A})$ ：Leontief 行列

$\boldsymbol{B}=(\boldsymbol{I}-\boldsymbol{A})^{-1}=(b_{ij})$ ：$(\boldsymbol{I}-\boldsymbol{A})$の逆行列（Leontief 逆行列）

$\boldsymbol{b}_i(\boldsymbol{b}^i)$ ：$\boldsymbol{B}$ の第 i 行（列）ベクトル

b_{ij} ：第 j 産業への最終需要が 1 単位増加し，他産業への最終需要に変化がなかったとき，変化後の最終需要に対応する均衡産出を達成するために，第 i 産業が直接間接にどれほどの生産を必要とされるかを意味する.

また，

① $\boldsymbol{x}=\boldsymbol{A}\boldsymbol{x}+\boldsymbol{f}$ または $(\boldsymbol{I}-\boldsymbol{A})\boldsymbol{x}=\boldsymbol{f}$

を実物体系（もしくは，物量体系），他方，

② $\boldsymbol{p}=\boldsymbol{p}\boldsymbol{A}+\boldsymbol{v}$ または $\boldsymbol{p}(\boldsymbol{I}-\boldsymbol{A})=\boldsymbol{v}$

を価格体系と呼び，それぞれ，経済の実物面と価格面を表している．これら①と②を合わせ，Leontief 体系と称し，いずれも Leontief 行列$(\boldsymbol{I}-\boldsymbol{A})$によって表現される.

定義により，行列 $\boldsymbol{A}$ は非負であるから，[仮定 1-1] は明らかに$(\boldsymbol{I}-\boldsymbol{A})$が M 行列であることを意味する．このことに留意して，次節では，以下の分析でしばしば利用される M 行列の性質を導出する.

1.3 M 行列に関する数学的帰結

この節の主たる目的は，投入産出モデル（あるいは，産業連関モデル；Input-output model）における tax-subsidy 政策の効果分析のために，Metzler (1951) と Atsumi (1981) で導出された数学的帰結を M 行列[3] の概念

3) M 行列とは，非対角要素が非正で，主座小行列式がすべて正である実正方行列である．なお，各非対角要素が非負の実正方行列は，Metzler 行列といわれる．M 行列に関しては，荒木（1976, 1977 a, b, c），Murata（1977），Kimura（1983）等を参

を利用して統一的に記述し，若干の改良を施すことにある．なお，ここでMetzler (1951) の証明方法を復活させたのは，Atsumi (1981) の証明方法がその逆行列の各列（ないしは各行）の要素に1つでも0が含まれるようなM行列（分解可能なM行列では，この可能性は小さくはない）に対しては，適用できないからである．これは，Atsumiが，暗黙裡に分解不能行列を仮定していることによると思われる．

まず，証明で多用する公式を導こう．

$\boldsymbol{A}$をn次正則行列とし，n次単位行列$\boldsymbol{I}$の第(i,j)要素$=\delta_{ij}(i\neq j)$をスカラーcで置換して得られる行列を$\boldsymbol{R}_{ij}(c)$で表せば，

(1-1)　$\boldsymbol{R}_{ij}(-c)\boldsymbol{A}^{-1}=(\boldsymbol{A}\boldsymbol{R}_{ij}(c))^{-1}=(\det(\boldsymbol{A}))^{-1}adj(\boldsymbol{A}\boldsymbol{R}_{ij}(c)).$

よって，任意の$v\in\boldsymbol{N}$に対して，

$$\boldsymbol{e}_v(\boldsymbol{A}\boldsymbol{R}_{ij}(c))^{-1}=\begin{cases}(\boldsymbol{A}^{-1})_v & (v\neq i)\\ (\boldsymbol{A}^{-1})_i-c(\boldsymbol{A}^{-1})_j & (v=i)\end{cases}.$$

これと (1-1) を合わせれば，

(1-2)
$$((\boldsymbol{A}\boldsymbol{R}_{ij}(c))^{-1})_{iv}=(a^{iv}-ca^{jv})$$
$$=\det(\boldsymbol{A})(-1)^{i+v}\det\left((\boldsymbol{A}\boldsymbol{R}_{ij}(c))\binom{v}{i}\right)\qquad(v=1,\cdots,n)$$

が得られる．ただし，$\left(\left((\boldsymbol{A}\boldsymbol{R}_{ij}(c)\right)\binom{v}{i}\right)$は，$(\boldsymbol{A}\boldsymbol{R}_{ij}(c))$からその第$v$行と第$j$列を除いた行列である．

次に，Metzler (1951) とAtsumi (1981) における数学的帰結を，定理として一括しよう．

なお，$\boldsymbol{A}^{-1}=(a^{ij})(i,j=1,\cdots,n)$とし，$\boldsymbol{a}_i(\boldsymbol{a}^i)$は$\boldsymbol{A}$の第$i$行（列）を表すものとする．

［定理1-1］　n次M行列$\boldsymbol{A}$に対して，$\boldsymbol{A}\boldsymbol{x}\geq\boldsymbol{0}$となる$\boldsymbol{x}>\boldsymbol{0}$が存在するとき，次の (i) ～ (iv) が成立する．

(i)　$x_i\geqq x_k$ならば$a^{ii}\geqq a^{ki}$.

照．

(ii) 任意の $i \in \boldsymbol{N}$ に対して，$a^{kk} \geqq a^{ik}$ となる $k \in \boldsymbol{N}$ が存在する．

(iii) 特に，$\boldsymbol{x} = c\boldsymbol{l}$ となる $c > 0$ が存在すれば，任意の $i \in \boldsymbol{N}$ に対して，$a^{ii} \geqq a^{ji} (j = 1, \cdots, n)$．

(iv) $\boldsymbol{A}\boldsymbol{l} = \boldsymbol{e}^k$ となる $k \in \boldsymbol{N}$ が存在するとき，任意の $j \in \boldsymbol{N}(k)$，$i \in \boldsymbol{N}$ に対して，$a^{ij} \geqq a^{kj}$．

（証明）

(i) (1-2) で，$c=1$，$j=k$，および $v=i$ とすれば，

$$a^{ii} - a^{ki} = \det(\boldsymbol{A})(-1)^{i+i}\det\left((\boldsymbol{A}\boldsymbol{R}_{ik}(1))\begin{pmatrix} i \\ i \end{pmatrix}\right)$$

$$= \det(\boldsymbol{A})\det\left((\boldsymbol{A}\boldsymbol{R}_{ik}(1))\begin{pmatrix} i \\ i \end{pmatrix}\right).$$

$\det\left((\boldsymbol{A}\boldsymbol{R}_{ik}(1))\begin{pmatrix} i \\ i \end{pmatrix}\right) = 0$ ならば，$a^{ii} = a^{ki}$．よって，以下では $\left((\boldsymbol{A}\boldsymbol{R}_{ik}(1))\begin{pmatrix} i \\ i \end{pmatrix}\right)$ を正則としてよい．

$$\left((\boldsymbol{A}\boldsymbol{R}_{ik}(1))\begin{pmatrix} i \\ i \end{pmatrix}\right)\boldsymbol{x}(i) = \sum_{j \neq i,k} \boldsymbol{a}^j(i)x_j + (\boldsymbol{a}^i(i) + \boldsymbol{a}^k(i))x_k$$

$$\geqq \sum_{j \neq i,k} \boldsymbol{a}^j(i)x_j + \boldsymbol{a}^k(i)x_k + \boldsymbol{a}^i(i)x_j \quad [\because x_i \geqq x_k$$

$= [\boldsymbol{A}\boldsymbol{x}$ からその第 i 要素を除いたベクトル$] \geqq \boldsymbol{0}$.

したがって，$\boldsymbol{x}(i) > \boldsymbol{0}$ かつ

$$\left((\boldsymbol{A}\boldsymbol{R}_{ik}(1))\begin{pmatrix} i \\ i \end{pmatrix}\right)\boldsymbol{x}(i) \geq \boldsymbol{0}. \tag{1-3}$$

なお，(1-3) が少なくとも1つの不等式を含むのは，$\left((\boldsymbol{A}\boldsymbol{R}_{ik}(1))\begin{pmatrix} i \\ i \end{pmatrix}\right)$ の正則性に基づく．また，$\left((\boldsymbol{A}\boldsymbol{R}_{ik}(1))\begin{pmatrix} i \\ i \end{pmatrix}\right)$ はその対角要素がすべて非正の正則行列であるから，$\det\left((\boldsymbol{A}\boldsymbol{R}_{ik}(1))\begin{pmatrix} i \\ i \end{pmatrix}\right) > 0$．ゆえに，$a^{ii} > a^{ik}$．

(ii) $x_k = \max_{i \in \mathrm{N}} x_i$ と定めれば，すべての $i \in \boldsymbol{N}$ に対して $x_k \geqq x_i$．よって，(i)により，$a^{kk} \geqq a^{ik} (i = 1, \cdots, n)$．

(iii)　仮定により，すべての $i, j \in \boldsymbol{N}$ に対して，$x_i = c = x_j$．したがって，この結論も，(i) からただちに導かれる．

(iv)　$i = k$ ならば，結論は寧ろ自明だから，以下では，$i \neq k$ とする．(1-2) で $v = j$，$j = k$，および $c = 1$ と置き，$\det(\boldsymbol{A}) > 0$ に留意すれば，

$$(1\text{-}4)\qquad \mathrm{sgn}(a^{ij} - a^{kj}) = \mathrm{sgn}\left\{(-1)^{i+j}\det\left(\boldsymbol{A}\boldsymbol{R}_{ik}(1)\begin{pmatrix} j \\ i \end{pmatrix}\right)\right\}.$$

ただし，sgn（•）は，（•）の符号を表す．よって，証明すべき結論は，

$$(1\text{-}5)\qquad (-1)^{i+j}\det\left(\boldsymbol{A}\boldsymbol{R}_{ik}(1)\begin{pmatrix} j \\ i \end{pmatrix}\right) \geqq 0 \qquad (i \in \boldsymbol{N}(k), j \in \boldsymbol{N}(k))$$

と等価である．そこで，以下では，(1-5) を証明する．

仮定，$\boldsymbol{A}\boldsymbol{l} = \boldsymbol{e}^k$ は，

$$(1\text{-}6)\qquad \boldsymbol{a}^k(f) + \boldsymbol{a}^i(j) = \boldsymbol{e}^k(j) - \sum_{n \neq i, k} \boldsymbol{a}^n(j)$$

を意味する．また，$\left((\boldsymbol{A}\boldsymbol{R}_{ik}(1))\begin{pmatrix} j \\ i \end{pmatrix}\right)$ が $\boldsymbol{A}$ から $\boldsymbol{a}^i$ と $\boldsymbol{a}^j$ を除いた行列の $\boldsymbol{a}^k(j)$ を $\boldsymbol{a}^k(j) + \boldsymbol{a}^i(j)$ で置き換えて得られる行列であることに注意して (1-6) を利用すれば，

$$(1\text{-}7)\qquad \det\left((\boldsymbol{A}\boldsymbol{R}_{ik}(1))\begin{pmatrix} j \\ i \end{pmatrix}\right) =$$

$$\begin{cases} \det(\boldsymbol{a}^1(j), \cdots, \boldsymbol{a}^{i-1}(j), \boldsymbol{a}^{i+1}(j), \cdots, \boldsymbol{a}^{k-1}(j), \boldsymbol{e}^k(j), \boldsymbol{a}^{k+1}(j), \cdots, \boldsymbol{a}^n(j)) & (i < k) \\ \det(\boldsymbol{a}^1(j), \cdots, \boldsymbol{a}^{k-1}(j), \boldsymbol{e}^k(j), \boldsymbol{a}^{k+1}(j), \cdots, \boldsymbol{a}^{i-1}(j), \boldsymbol{a}^{i+1}(j), \cdots, \boldsymbol{a}^n(j)) & (i > k) \end{cases}$$

が導かれる．この右辺の行列式を $\boldsymbol{e}^k(j)$ のある列について余因子展開し，$\boldsymbol{A}\begin{pmatrix} k \\ k \end{pmatrix}$ に Cramer の公式を適用すれば，$(-1)^{i+j}\det\left((\boldsymbol{A}\boldsymbol{R}_{ik}(1))\begin{pmatrix} j \\ i \end{pmatrix}\right)$ は，$\left(\boldsymbol{A}\begin{pmatrix} k \\ k \end{pmatrix}\right)^{-1}$ の第 (i, j) 要素であることがわかる．さらに，$\boldsymbol{A}$ が M 行列である以上，その主座小行列 $\boldsymbol{A}\begin{pmatrix} k \\ k \end{pmatrix}$ も M 行列となる．したがって，$\left(\boldsymbol{A}\begin{pmatrix} k \\ k \end{pmatrix}\right)^{-1} \geqq [\boldsymbol{0}]$．これで証明は完結する．

（証明終）

([定理 1-1] に関する補足)

① ここで，n 次 M 行列 $\boldsymbol{A}$ に対する次の 2 条件，

$$^{\exists}\boldsymbol{y} > \boldsymbol{0} \,|\, \boldsymbol{yA} \geq \boldsymbol{0} \qquad \text{と} \qquad ^{\exists}k \in \boldsymbol{N} \,|\, \boldsymbol{l}^t\boldsymbol{A} = \boldsymbol{e}_k$$

は，それぞれ，

$$^{\exists}\boldsymbol{x} \equiv \boldsymbol{y}^t > \boldsymbol{0} \,|\, \boldsymbol{A}^t\boldsymbol{x} \geq \boldsymbol{0} \quad \text{と} \quad ^{\exists}k \in \boldsymbol{N} \,|\, \boldsymbol{A}^t\boldsymbol{l} = (\boldsymbol{e}_k)^t = \boldsymbol{e}^k$$

と等価なこと，および $\boldsymbol{A}^t$ も M 行列であることに留意すれば，[定理 1-1] の代替形として，[定理 1-1'] が得られる．

[定理 1-1'] n 次 M 行列 $\boldsymbol{A}$ に対して，正の行ベクトル $\boldsymbol{y}$ が存在して $\boldsymbol{yA} \geq \boldsymbol{0}$ となるとき，次の (i') ～ (iv') が成立する．

(i ') $y_i \geqq y_k$ は，$a^{ii} \geqq a^{ik}$ を意味する．

(ii ') 任意の $i \in \boldsymbol{N}$ に対して，$a^{kk} \geqq a^{ik}$ を満たす $k \in \boldsymbol{N}$ が存在する．

(iii') 特に，$\boldsymbol{y} = c\boldsymbol{l}^t$ となる $c > 0$ が存在すれば，$a^{ii} \geqq a^{ij} (i, j=1, \cdots, n)$ が成立する．

そして，最後に，

(iv') ある $k \in \boldsymbol{N}$ に対して，$\boldsymbol{l}^t\boldsymbol{A} = \boldsymbol{e}_k$ のとき，$a^{ij} \geqq a^{ik} (i \in \boldsymbol{N}(k), j=1, \cdots, n)$ が成立する．

② [定理 1-1 (iv)] の証明からただちに明らかなように，$\left(\boldsymbol{A}\binom{k}{k}\right)^{-1}$ が正となるとき，かつそのときに限り，

$$a^{kj} < a^{ij} \qquad (i \in \boldsymbol{N}(k), j \in \boldsymbol{N}).$$

さらに，M 行列が正の逆行列を持つことと，その M 行列が分解不能なことは，互いに等価である．したがって，$\boldsymbol{A}$ の $(n-1)$ 次主座小行列がすべて分解不能という条件は，[定理 1-1 ; (iv)] の結論がすべて厳格な不等式で成立するための必要・十分条件である．Atsumi (1981, Theorem, pp. 33-34) では，十分条件だけが証明されている．

③ (iv) の条件 ($\boldsymbol{Al} = \boldsymbol{e}^k$) の下で，$\boldsymbol{N}(k)$ の任意の要素 j に対して，$\boldsymbol{A}\binom{j}{j}$ が分解不能ならば，

$$\text{任意の } i \in N(j) \text{ に対して，} a^{jj} > a^{ij}$$

が成立する．$i=k$ の場合は②で証明済みなので，以下では $i \neq j$ かつ $i \neq k$ とする．

$\boldsymbol{A}\boldsymbol{l} = \boldsymbol{e}^k$ から導かれる $\boldsymbol{a}^i(j) + \boldsymbol{a}^j(j) = \boldsymbol{e}^k(j) - \sum_{t \neq i,j} \boldsymbol{a}^t(j)$ と $\det\left(\boldsymbol{A}\begin{pmatrix} j \\ j \end{pmatrix}\right) > 0$ を利用すれば，②におけるのと同様にして，

$$\operatorname{sgn}\left[\det\left(\boldsymbol{A}\boldsymbol{R}_{ji}(1)\begin{pmatrix} j \\ j \end{pmatrix}\right)\right] = \operatorname{sgn}\left[\left(\boldsymbol{A}\begin{pmatrix} j \\ j \end{pmatrix}\right)^{-1} \text{のある要素}\right].$$

ゆえに，$\boldsymbol{A}\begin{pmatrix} j \\ j \end{pmatrix}$ が分解不能で $\left(\boldsymbol{A}\begin{pmatrix} j \\ j \end{pmatrix}\right)^{-1} > [\boldsymbol{0}]$ ならば，

$$\det\left(\boldsymbol{A}\boldsymbol{R}_{ji}(1)\begin{pmatrix} j \\ j \end{pmatrix}\right) > 0.$$

これと②から結論が導かれる．

この節の最後の課題は，［定理 1-2］を記述・証明することである．［定理 1-2］からは，Leontief 体系における tax-subsidy の効果に関する結論が導出される．

［定理 1-2］は，前述の［定理 1-1］とともに，本章および次章の分析にとって，非常に有益である．

［定理 1-2］　$\boldsymbol{A}$ を［定理 1-1］におけると同様，n 次 M 行列とし，$\boldsymbol{A}^{-1}$ のある 1 列（第 k 列）とある 1 行（第 g 行）がそれぞれ正であるとすれば，

(i)　$$\frac{a^{kj}}{a^{kk}} \leq \frac{a^{ij}}{a^{ik}} \leq \frac{a^{jj}}{a^{jk}} \qquad (j \neq k\,;\, i = 1, \cdots, n)$$

および

(ii)　$$\frac{a^{ig}}{a^{gg}} \leq \frac{a^{ij}}{a^{gj}} \leq \frac{a^{ii}}{a^{gi}} \qquad (i \neq g\,;\, j = 1, \cdots, n)$$

が成立する．

（証明）　$\boldsymbol{D}$ を $a^{ik}(i=1, \cdots, n)$ を第 i 対角要素とする対角行列とすれば，$(\boldsymbol{A}\boldsymbol{D})\boldsymbol{l} = \boldsymbol{e}^k$ かつ $(\boldsymbol{A}\boldsymbol{D})$ は M 行列で，［定理 1-1］の (iii) と (iv) の条件を

満たす．よって，本定理（i）を得る．

同様に，$a^{gj}(j=1, \cdots, n)$ を第 j 対角要素とする対角行列を $\boldsymbol{F}$ で表し，M 行列（$\boldsymbol{FA}$）に［定理 1-1'］の（iii'）と（iv'）を適用すれば，本定理（ii）が導かれる．

（証明終）

1.4 主要な結果

本節では，Metzler の tax-subsidy 方式の実行の結果として生じる均衡価格の変化についてこれまでに確立されてきた諸結論を，従来とは異なった方法で証明することを目的とする．

以降では，tax-subsidy 方式の実行前を **"pre-tax-subsidy"**，実行後を **"post-tax-subsidy"** と表すこととする．pre-tax-subsidy 均衡価格ベクトル $\boldsymbol{p}$ は，

(1-8) $$\boldsymbol{p} = \boldsymbol{pA} + \boldsymbol{v} \quad \text{または} \quad \boldsymbol{p}(\boldsymbol{I} - \boldsymbol{A}) = \boldsymbol{v}$$

を満足するように決定される．post-tax-subsidy の状況を分析するために，課税（補助）される財を $t(s)$ と表すこととする．

まず，第 t 財の産出 1 単位に，一定率 τ の従量税を課すとしよう．そのとき，post-tax-subsidy の均衡産出ベクトル $\boldsymbol{x}$ は，次のように決定される．

(1-9) $$\boldsymbol{x} = \boldsymbol{Ax} + \boldsymbol{f} \quad \text{または} \quad (\boldsymbol{I} - \boldsymbol{A})\boldsymbol{x} = \boldsymbol{f}.$$

それゆえ，もし，$x_s > 0$ ならば，補助金率 σ は，

(1-10) $$\sigma = \tau \frac{x_t}{x_s}$$

によって与えられる．したがって，post-tax-subsidy 均衡価格ベクトル $\mathbf{q} = (q_1, \cdots, q_n)$ は，

(1-11) $$\boldsymbol{q} = \boldsymbol{qA} + \boldsymbol{v} + \tau \boldsymbol{e}_t - \sigma \boldsymbol{e}_s$$

$$= \boldsymbol{q}\boldsymbol{A}+\boldsymbol{v}+\tau\left(\boldsymbol{e}_t-\frac{x_t}{x_s}\boldsymbol{e}_s\right) \qquad [\cdots(1\text{-}10)$$

を満たさねばならない．

$\Delta\boldsymbol{\pi}\equiv(\boldsymbol{q}-\boldsymbol{p})=(\Delta\pi_1, \cdots, \Delta\pi_n)$ を tax-subsidy により引き起こされた価格変化を表す行ベクトルとすれば，(1-11) から (1-8) を差し引くことにより，

$$(1\text{-}12) \qquad \Delta\boldsymbol{\pi}(\boldsymbol{I}-\boldsymbol{A}) = \tau\left(\boldsymbol{e}_t-\frac{x_t}{x_s}\boldsymbol{e}_s\right)$$

を得る．(1-12) に $(\boldsymbol{I}-\boldsymbol{A})^{-1}$ を右乗すれば，

$$(1\text{-}13\text{-}1) \qquad \Delta\boldsymbol{\pi} = \tau\left(\boldsymbol{e}_t-\frac{x_t}{x_s}\boldsymbol{e}_s\right)\boldsymbol{B}$$

$$= \tau\left(\boldsymbol{b}_t-\frac{x_t}{x_s}\boldsymbol{b}_s\right)$$

が導かれる．これを，要素表示すれば，

$$(1\text{-}13\text{-}2) \qquad \Delta\pi_i = \tau\left(b_{ti}-\frac{x_t}{x_s}b_{si}\right) \qquad (i=1, \cdots, n)$$

となる．(1-13-2) は，さらに，

$$(1\text{-}14) \qquad \operatorname{sgn}(\Delta\pi_i) = \operatorname{sgn}\left(b_{ti}-\frac{x_t}{x_s}b_{si}\right)$$

$$= \operatorname{sgn}(x_s b_{ti}-x_t b_{si}) \qquad [\cdots x_s>0$$

$$= \operatorname{sgn}\left(\sum_{j\neq i}(b_{sj}b_{ti}-b_{tj}b_{si})f_j\right) \qquad [\cdots(1\text{-}9)$$

を意味する．したがって，次の定理を得る．

［定理 1-3］

(i)

(i-i)　任意の $\boldsymbol{f}\geqq\boldsymbol{0}$ に対して，$\Delta\pi_t\geqq0$.

(i-ii)　任意の $\boldsymbol{f}\geqq\boldsymbol{0}$ に対して，$\Delta\pi_s\leqq0$.

(ii)

(ii-i)　任意の $i\in\boldsymbol{N}(t)$ に対して，$b_{ti}=0$ ならば $\Delta\pi_i\leqq0$.

(ii-ii)　任意の $i \in \boldsymbol{N}(s)$ に対して，$b_{si}=0$ ならば $\Delta\pi_i \geqq 0$.

(証明)

(i-i)　(1-14) で $i=t$ とすれば，

$$\mathrm{sgn}(\Delta\pi_t) = \mathrm{sgn}\left(\sum_{j \neq t}(b_{sj}b_{tt} - b_{tj}b_{st})f_j\right)$$

が得られる．[定理 1-2；(i)] の $\dfrac{a^{kj}}{a^{kk}} \leqq \dfrac{a^{ij}}{a^{ik}}$ において，(a^{ij}) を (b_{ij})，i, j, k をそれぞれ，s, j, t と置き換えることにより，

$$b_{sj}b_{tt} - b_{tj}b_{st} \geqq 0$$

が導かれる．f_j が非負であることを考慮すれば，$\Delta\pi_t \geqq 0$.

(i-ii)　(i-i) と同様にして，$i=s$ と置けば，

$$\mathrm{sgn}(\Delta\pi_s) = \mathrm{sgn}\left(\sum_{j \neq s}(b_{sj}b_{ts} - b_{tj}b_{ss})f_j\right)$$

を得る．そこで，[定理 1-2；(ii)] の $\dfrac{a^{ij}}{a^{gj}} \leqq \dfrac{a^{ii}}{a^{gi}}$ において，(a^{ij}) を (b_{ij})，g, i, j をそれぞれ，t, s, j に置き換えれば，

$$b_{sj}b_{ts} - b_{tj}b_{ss} \leqq 0.$$

それゆえ，$\Delta\pi_s \leqq 0$ が求められる．

(ii)　(1-13-2) で，$b_{ti}=0$ または $b_{si}=0$ ならば，それは，ただちに，

$$\text{任意の } i \in \boldsymbol{N}(t) \text{ に対して，} \Delta\pi_i = -\tau\frac{x_t}{x_s}b_{si} \leqq 0$$

または

$$\text{任意の } i \in \boldsymbol{N}(s) \text{ に対して，} \Delta\pi_i = \tau b_{ti} \geqq 0$$

を意味する．　　　　　　　　　　　　　　　　　　　　　　　　(証明終)

次に，従量税を従価税と置き換えて分析しよう．θ と $\bar{\boldsymbol{q}}=(\bar{q}_1, \cdots, \bar{q}_n)$ を，それぞれ，従価税率，従価税を課した場合の post-tax-subsidy 均衡価格ベクトルとする．そのとき，$\bar{\boldsymbol{q}}$ は，

$$\text{(1-15)} \qquad \bar{\boldsymbol{q}} = \bar{\boldsymbol{q}}\boldsymbol{A} + \boldsymbol{v} + \theta\left(\boldsymbol{e}_t - \frac{x_t}{x_s}\boldsymbol{e}_s\right)\bar{q}_t$$

を満足する．ここで，$\theta\bar{q}_t$ は第 t 財1単位あたりの税額，また，$\theta\dfrac{x_t}{x_s}\bar{q}_t$ は第 s 財1単位あたりの補助金額を示す．(1-15) から (1-8) を引けば，

(1-16)　$$\Delta\boldsymbol{\psi}(\boldsymbol{I}-\boldsymbol{A})-\theta\left(\boldsymbol{e}_t-\frac{x_t}{x_s}\boldsymbol{e}_s\right)\Delta\psi_t=\theta\left(\boldsymbol{e}_t-\frac{x_t}{x_s}\boldsymbol{e}_s\right)p_t.$$

ただし，$\Delta\boldsymbol{\psi}\equiv(\bar{\boldsymbol{q}}-\boldsymbol{p})=(\Delta\psi_1,\cdots,\Delta\psi_n)$．したがって，

(1-17)　$$\frac{\Delta\boldsymbol{\psi}}{p_t}(\boldsymbol{I}-\boldsymbol{A}-\boldsymbol{D})=\theta\left(\boldsymbol{e}_t-\frac{x_t}{x_s}\boldsymbol{e}_s\right)$$

を得る．ここで，

$$\boldsymbol{D}=(d_{ij})=\begin{cases}\theta & (i=j=t)\\ -\theta\dfrac{x_t}{x_s} & (i=t\,;j=s)\\ 0 & (otherwise)\end{cases}.$$

$p_t>0$ であるから，

(1-18)　任意の $i\in\boldsymbol{N}$ に対して，$\mathrm{sgn}\Delta\psi_i=\mathrm{sgn}\left(\dfrac{\Delta\psi_i}{p_t}\right)$.

(1-17) と (1-12) を比較すれば，$\Delta\boldsymbol{\psi}$ と $\Delta\boldsymbol{\pi}$ の符号パターンは $(\boldsymbol{I}-\boldsymbol{A}-\boldsymbol{D})^{-1}$ および $(\boldsymbol{I}-\boldsymbol{A})^{-1}=\boldsymbol{B}$ に依存する．そこで，$(\boldsymbol{I}-\boldsymbol{A}-\boldsymbol{D})$ に注目すれば，

(1-19)　$$(\boldsymbol{I}-\boldsymbol{A}-\boldsymbol{D})=(\boldsymbol{I}-\boldsymbol{D}\boldsymbol{B})(\boldsymbol{I}-\boldsymbol{A})$$

と分解される．$\boldsymbol{D}$ の定義より，

(1-20)　$$(\boldsymbol{I}-\boldsymbol{D}\boldsymbol{B})_i=\begin{cases}\boldsymbol{e}_i & (i\neq \mathrm{t}) & \text{(1-20-1)}\\ \boldsymbol{e}_t-\theta\left(\boldsymbol{b}_t-\dfrac{x_t}{x_s}\boldsymbol{b}_s\right) & (i=t) & \text{(1-20-2)}\end{cases}.$$

ただし，$(\boldsymbol{I}-\boldsymbol{D}\boldsymbol{B})_i$ は，$(\boldsymbol{I}-\boldsymbol{D}\boldsymbol{B})$ の第 i 行を表す．そこで，$(\boldsymbol{I}-\boldsymbol{D}\boldsymbol{B})_t$ を $\boldsymbol{\eta}=(\eta_1,\cdots,\eta_n)$ で記せば，(1-20-2) と (1-13-1) により，$\boldsymbol{\eta}=\boldsymbol{e}_t-\dfrac{\theta}{\tau}\Delta\boldsymbol{\pi}$ である．これは，

(1-21)　$$\eta_j=\begin{cases}-\dfrac{\theta}{\tau}\Delta\pi_j & (j\neq t)\\ 1-\dfrac{\theta}{\tau}\Delta\pi_t & (j=t)\end{cases}$$

と同値である．

$(\boldsymbol{I}-\boldsymbol{DB})$の正則性に関しては，次の補助定理を得る．

［補助定理 1-1］ $(\boldsymbol{I}-\boldsymbol{DB})$が正則であるための必要・十分条件は，$\eta_t=1-\frac{\theta}{\tau}\Delta\pi_t\neq 0$.

（証明） 補助定理の対偶を証明しよう．もし，$(\boldsymbol{I}-\boldsymbol{DB})$が特異行列ならば，$(\boldsymbol{I}-\boldsymbol{DB})\boldsymbol{u}=\boldsymbol{0}$ となるような $\boldsymbol{u}\neq\boldsymbol{0}$ が存在する．換言すれば，

$$\begin{cases} u_i = 0 & (i \neq t) \\ (\boldsymbol{I}-\boldsymbol{DB})_t\boldsymbol{u} = 0 & (i = t) \end{cases}$$

これは，ただちに，$\eta_t=0$ を意味する．

逆に，もし，$\eta_t=0$ ならば，$(\boldsymbol{I}-\boldsymbol{DB})$の第 t 列はゼロベクトルとなる．よって，$(\boldsymbol{I}-\boldsymbol{DB})$は正則ではない．

（証明終）

それゆえ，以下を仮定する．

［仮定 1-2］ 任意の $\theta\in(0,1)$ に対して，ある $t\in\boldsymbol{N}$ が対応する．その t に対しては，$\theta\left(b_{tt}-\frac{x_t}{x_s}b_{st}\right)\neq 1$ となる $s\in\boldsymbol{N}(t)$が存在する．

$\boldsymbol{Y}=(y_{ij})=(\boldsymbol{y}^1,\cdots,\boldsymbol{y}^n)=\begin{pmatrix}\boldsymbol{y}_1\\ \vdots \\ \boldsymbol{y}_n\end{pmatrix}$を $(\boldsymbol{I}-\boldsymbol{DB})$の逆行列とする．$\boldsymbol{Y}$ の定義により，$(\boldsymbol{I}-\boldsymbol{DB})\boldsymbol{Y}=\boldsymbol{I}$ であるから，(1-20) を用いて，

$$(1\text{-}22)\qquad \begin{cases} (\boldsymbol{I}-\boldsymbol{DB})_i\boldsymbol{Y} = \boldsymbol{e}_i\boldsymbol{Y} = \boldsymbol{y}_i = \boldsymbol{e}_i & (i \neq t) \qquad (1\text{-}22\text{-}1) \\ (\boldsymbol{I}-\boldsymbol{DB})_t\boldsymbol{Y} = \boldsymbol{e}_t & (i = t) \qquad (1\text{-}22\text{-}2) \end{cases}$$

を導く．(1-22-2) を考慮すれば，$\boldsymbol{Y}$ の各列は，

$$(1\text{-}23)\qquad \begin{cases} \boldsymbol{y}^j = e^j+y_{tj}\boldsymbol{e}^t & (j \neq t) \\ \boldsymbol{y}^t = y_{tt}\boldsymbol{e}^t & (j = t) \end{cases}$$

と表される．(1-23) を (1-22-2) に代入すれば，

(1-24)
$$\begin{cases} \boldsymbol{\eta y}^j = \boldsymbol{\eta}(\boldsymbol{e}^j + y_{tj}\boldsymbol{e}^t) = 0 & (j \neq t) \\ \boldsymbol{\eta y}^t = \boldsymbol{\eta}(y_{tt}\boldsymbol{e}^t) = 1 & (j = t) \end{cases}$$

が導かれる．ゆえに，

$$\begin{cases} y_{tj} = -\dfrac{\eta_j}{\eta_t} & (j \neq t) \\ y_{tt} = \dfrac{1}{\eta_t} & (j = t) \end{cases}.$$

これと (1-21) から，

(1-25)
$$\begin{cases} y_{tj} = \left(\dfrac{1}{\eta_t}\right)\dfrac{\theta}{\tau}\Delta\pi_j & (j \neq t) \\ y_{tt} = \dfrac{1}{\eta_t} = \left(1 - \dfrac{\theta}{\tau}\Delta\pi_t\right)^{-1} & (j = t) \end{cases}.$$

(1-17)，(1-19) および (1-13-1) を利用すれば，

$$\frac{\Delta\boldsymbol{\psi}}{p_t} = \theta\left(\boldsymbol{e}_t - \frac{x_t}{x_s}\boldsymbol{e}_s\right)\boldsymbol{BY}$$

$$= \frac{\theta}{\tau}\Delta\boldsymbol{\pi Y}.$$

したがって，

(1-26-1)
$$\frac{\Delta\psi_j}{p_t} = \frac{\theta}{\tau}\Delta\boldsymbol{\pi}(\boldsymbol{e}^j + y_{tj}\boldsymbol{e}^t) \qquad [\cdots(1\text{-}23)$$

$$= \frac{\theta}{\tau}\left(\Delta\pi_j + \frac{\theta}{\tau}\left(\frac{1}{\eta_t}\right)\Delta\pi_j\Delta\pi_t\right) \qquad [\cdots(1\text{-}25)$$

$$= \frac{\theta}{\tau}\left(\frac{1}{\eta_t}\right)\left(\Delta\pi_j\left(1 - \frac{\theta}{\tau}\Delta\pi_t\right) + \frac{\theta}{\tau}\Delta\pi_j\Delta\pi_t\right) \qquad [\cdots(1\text{-}21)$$

$$- \frac{\theta}{\tau}\left(\frac{1}{\eta_t}\right)\Delta\pi_j \qquad (j \in \mathrm{N}(t))$$

および

(1-26-2)
$$\frac{\Delta\psi_t}{p_t} = \frac{\theta}{\tau}\Delta\boldsymbol{\pi} y_{tt}\boldsymbol{e}^t \qquad [\cdots(1\text{-}23)$$

$$= \frac{\theta}{\tau}\left(\frac{1}{\eta_t}\right)\Delta\pi_t \qquad [\cdots(1\text{-}25)$$

を得る．(1-26) により，先に議論した従量税を従価税に置き換えた場合にも，均衡価格の変化に関する以下の定理が得られることは，容易に理解さ

れよう．

［定理 1-4］ 従価税を課した場合の tax-subsidy 方式の下では，均衡価格の変動方向は，$\eta_t > 0\,(\eta_t < 0)$ であれば，［定理 1-3］で主張された方向と同（逆）方向である．

（注意） 上記定理は，証明方法は異なるが，本質的には Atsumi (1981, pp. 40-43) の再述である．

［定理 1-4］は，η_t の符号が，価格変化のパターンにとって非常に重要であることを示している．そこで，η_t の符号が何を含意するかを考察しよう．この目的のために，まず，便宜的に，動学過程を，

$$\boldsymbol{p}(\gamma) = \boldsymbol{p}(\gamma-1)(\boldsymbol{A}+\boldsymbol{D}) + \boldsymbol{v} + \theta\left(\boldsymbol{e}_t - \frac{x_t}{x_s}\boldsymbol{e}_s\right) \tag{1-27}$$

と表そう．ここで，$\boldsymbol{p}(\gamma)$ は，むろん，第 γ 期の価格行ベクトルである．$\boldsymbol{p}(0)$ を任意に選ばれた初期状態であるとする．そのとき，連続的に計算を繰り返せば，

$$\boldsymbol{p}(\gamma) = \boldsymbol{p}(0)(\boldsymbol{A}+\boldsymbol{D})^{\gamma} + \left[\boldsymbol{v} + \theta\left(\boldsymbol{e}_t - \frac{x_t}{x_s}\boldsymbol{e}_s\right)\right]\sum_{u=0}^{\gamma-1}(\boldsymbol{A}+\boldsymbol{D})^{u}$$

を得る．それゆえ，もし，

$$\lim_{\gamma\to\infty}(\boldsymbol{A}+\boldsymbol{D})^{\gamma} = [\boldsymbol{0}] \tag{1-28}$$

であれば，かつ，そのときに限り，(1-27) の一般解 $\boldsymbol{p}(\gamma)$ は，

$$\bar{\boldsymbol{q}} = \left(\boldsymbol{v} + \theta\left(\boldsymbol{e}_t - \frac{x_t}{x_s}\boldsymbol{e}_s\right)\right)(\boldsymbol{I}-\boldsymbol{A}-\boldsymbol{D})^{-1}$$

に収束すること，および $(\boldsymbol{A}+\boldsymbol{D})$ の任意の固有値の絶対値が 1 より小さいことと (1-28) が等価である．

以上の予備的考察により，次の定理を得る．

［定理 1-5］

(i)　$\eta_t>0$ の必要・十分条件は，$\det(\boldsymbol{I}-\boldsymbol{A}-\boldsymbol{D})>0$.

(ii)　(1-27) が安定であるためには，η_t が正であることが必要である.

(iii)　さらに，$\boldsymbol{A}$ の各列和が1より小さいと追加仮定すれば，$\bar{\boldsymbol{q}}$ の非負性および (1-27) の安定性を保証する従価税率 θ を選択することが可能である.

（証明）

(i)　$(\boldsymbol{I}-\boldsymbol{DB})$に掃き出し法を適用すれば，$\det(\boldsymbol{I}-\boldsymbol{DB})=\eta_t$ を得る．これは，(1-19) と合わせて，

(1-29)　$$\det(\boldsymbol{I}-\boldsymbol{A}-\boldsymbol{D})=\det(\boldsymbol{I}-\boldsymbol{A})\,\eta_t$$

を導く．$\eta_t>0$ と仮定しよう．そのとき，［仮定 1-1］により，$\det(\boldsymbol{I}-\boldsymbol{A})>0$ であるから，$\det(\boldsymbol{I}-\boldsymbol{A}-\boldsymbol{D})>0$ を得る.

$\det(\boldsymbol{I}-\boldsymbol{A}-\boldsymbol{D})>0$ ならば，(1-29) と［仮定 1-1］により，ただちに結果を得る.

(ii)　$(\boldsymbol{A}+\boldsymbol{D})$の特性方程式を $f(\lambda)$ で表せば．定義により，

$$f(\lambda)=\det(\lambda\boldsymbol{I}-(\boldsymbol{A}+\boldsymbol{D})).$$

したがって，

(1-30)　$$\det(\boldsymbol{I}-(\boldsymbol{A}+\boldsymbol{D}))=f(1).$$

逆に，$f(\lambda)$は最高次の項の係数が正であるような λ の多項式であるから，$f(1)\leqq 0$ を仮定すれば，$f(\lambda)=0$ を満たす $\lambda\geqq 1$ が存在する．このことは，(1-27) の仮定された安定性に矛盾する．それゆえ，$f(1)>0$．これは，(1-30) と本定理 (i) により，$\eta_t>0$ を意味する.

(iii)　最初に，$\eta_t>0$ を仮定して，$\bar{\boldsymbol{q}}$ の非負性と矛盾しないように θ が選ばれ得ることを示す．なぜなら，そうでなければ，比較静学分析自体が，無意味となるからである．$\eta_t=1-\theta\left(b_{tt}-\dfrac{x_t}{x_s}b_{st}\right)>0$ に対して，

(1-31) $$\theta < \frac{1}{b_{tt} - \frac{x_t}{x_s} b_{st}} \qquad [\cdots (1\text{-}13\text{-}2),\ (1\text{-}21)$$

を必要とする．$\Delta\psi_j$ の定義により，$\bar{q}_j$ は，

(1-32) $$\begin{aligned} \bar{q}_j &= p_j + \Delta\psi_j \\ &= \sum_{i=1}^{n} v_i b_{ij} + \left(\frac{\theta}{\tau} \left(\frac{1}{\eta_t} \right) \Delta\pi_j p_t \right) \qquad [\cdots (1\text{-}8),\ (1\text{-}26) \\ &= \sum_{i=1}^{n} v_i b_{ij} + \frac{\theta}{\eta_t} \left(b_{tj} - \frac{x_t}{x_s} b_{sj} \right) \sum_{i=1}^{n} v_i b_{it} \qquad (j = 1, \cdots, n) \end{aligned}$$

[$\cdots$(1-8), (1-13-2)

と表される．$\bar{q}_j$ は $\left(b_{tj} - \frac{x_t}{x_s} b_{sj} \right) > 0$ となるような j に対して正であるから，θ が，

(1-33) 任意の $j \in \boldsymbol{J}_{(t,s)} = \left\{ j \in \boldsymbol{N} \middle| b_{tj} - \frac{x_t}{x_s} b_{sj} < 0 \right\}$ に対して，

$$\bar{q}_j = \sum_{i=1}^{n} v_i b_{ij} + \frac{\theta}{\eta_t} \left(b_{tj} - \frac{x_t}{x_s} b_{sj} \right) \sum_{i=1}^{n} v_i b_{it} \geqq 0$$

を満足すべきである．

[定理 1-4] および [定理 1-3；(i)] より，任意の (t, s) に対して，$\boldsymbol{J}_{(t,s)} \neq \phi$ であることに注意する．不等式 (1-33) は，$\eta_t > 0$ とともに，

(1-34) $$\theta \leqq \frac{-\eta_t \sum_{i=1}^{n} v_i b_{ij}}{\sum_{i=1}^{n} v_i b_{it} \left(b_{tj} - \frac{x_t}{x_s} b_{sj} \right)}$$

を導く．それゆえ，以下の区間，

(1-35) $$\left(0, \min \left\{ \frac{1}{b_{tt} - \frac{x_t}{x_s} b_{st}}, 1, \min_{j \in J_{(t,s)}} \frac{-\eta_t \sum_{i=1}^{n} v_i b_{ij}}{\sum_{i=1}^{n} v_i b_{it} \left(b_{tj} - \frac{x_t}{x_s} b_{sj} \right)} \right\} \right)$$

における任意の θ は，(1-31)，(1-34) および $\theta \in (0, 1)$ を満足する．

次に，われわれは，想定された動学過程 (1-27) の安定性を保証する θ を選ぶ．また，$(\boldsymbol{A}+\boldsymbol{D})$ の第 (i, j) 要素を $(\boldsymbol{A}+\boldsymbol{D})_{ij}$ と表記しよう．そのとき，

$$(\boldsymbol{A}+\boldsymbol{D})_{ij}=\begin{cases} a_{tt}+\theta & (i=t\,;j=t) \\ a_{ts}-\theta\dfrac{x_t}{x_s} & (i=t\,;j=s). \\ a_{ij} & (otherwise) \end{cases}$$

ここで注目すべきは，$(\boldsymbol{A}+\boldsymbol{D})$の第 t 列と，第 s 列である．直接計算により，

$$\sum_{i=1}^{n}|(\boldsymbol{A}+\boldsymbol{D})_{it}|=\sum_{i=1}^{n}a_{it}+\theta$$

$$>\sum_{i=1}^{n}a_{it}.$$

ただし，$|(\boldsymbol{A}+\boldsymbol{D})_{it}|$は$(\boldsymbol{A}+\boldsymbol{D})_{it}$の絶対値である．$\sum_{i=1}^{n}|(\boldsymbol{A}+\boldsymbol{D})_{it}|<1$であるためには，$\theta$は，

(1-36)
$$\theta<1-\sum_{i=1}^{n}a_{it}<1$$

を満たさなねばならない．(1-36) の第2番目の不等式は，むろん，本定理(iii)の追加仮定によるものである．

他方，$|(\boldsymbol{A}+\boldsymbol{D})|$の第 s 列和は，$\left(a_{ts}-\theta\dfrac{x_t}{x_s}\right)$の符号に依存する．なお，$|(\boldsymbol{A}+\boldsymbol{D})|$は$|(\boldsymbol{A}+\boldsymbol{D})_{ij}|$から成る行列を表すとしよう．このとき，明らかに，

①
$$\left(a_{ts}-\theta\frac{x_t}{x_s}\right)>0$$

あるいは

②
$$\left(a_{ts}-\theta\frac{x_t}{x_s}\right)\leqq 0.$$

①の場合には，

(1-37)
$$\theta<\frac{x_s}{x_t}a_{ts}\leqq 1.$$

(1-37) の第2番目の不等式は，x_s を生産するために必要とされる第 t 財の数量が x_t を決して超えないことに起因する．$|(\boldsymbol{A}+\boldsymbol{D})|$の第 s 列和は，

$$\sum_{i=1}^{n}|(\boldsymbol{A}+\boldsymbol{D})|_{is}=\sum_{i=1}^{n}a_{is}-\theta\frac{x_s}{x_t}$$

$$< \sum_{i=1}^{n} a_{is}$$

により与えられる．$\sum_{i=1}^{n} a_{is}<1$ に留意すれば，$|(\boldsymbol{A}+\boldsymbol{D})|$ の第 s 列和は，任意の $\theta \in (0,1)$ に対して，確かに1より小さな値を取る．したがって，次の区間，

$$\text{(1-38)} \qquad \left(0, \min\left\{\frac{x_s}{x_t} a_{ts}, 1-\sum_{i=1}^{n} a_{it}\right\}\right)$$

の範囲内に θ を選べば，$|(\boldsymbol{A}+\boldsymbol{D})|$ の各列和は1より小となる．このことは，(1-27) の安定性を保証する．ここで，(1-36) および (1-37) の条件は，(1-38) で表された区間が，開区間(0, 1)に含まれることを意味する．

残る場合に関しては，不等式②は，

$$\text{(1-39)} \qquad 0 \leqq \frac{x_s}{x_t} a_{ts} \leqq \theta$$

を意味する．さらに，θ は，

$$\text{(1-40)} \qquad \theta < \frac{x_s}{x_t}\left(1+a_{ts}-\sum_{i\neq 1} a_{is}\right)$$

を満たさなければならない．それゆえ，次の閉区間，

$$\text{(1-41)} \qquad \left[\frac{x_s}{x_t} a_{ts}, \min\left\{\frac{x_s}{x_t}\left(1+a_{ts}-\sum_{i\neq t} a_{is}\right), 1-\sum_{i=1}^{n} a_{it}\right\}\right]$$

[…(1-36)，(1-39)，(1-40)

に属する任意の θ について，(1-27) のすべての解は，γ が無限大に発散するとき，$\bar{\boldsymbol{q}}$ に収束する．

(証明終)

(注意)　$\boldsymbol{G}=(g_{ij})$，λ のそれぞれを n 次正方行列，$\boldsymbol{G}$ の任意の固有値とする．そのとき，

$$\lambda \leqq \left\{\max_{i\in \mathbf{N}} \sum_{j=1}^{n} |g_{ij}|, \max_{i\in \mathbf{N}} \sum_{i=1}^{n} |g_{ij}|\right\}.$$

この内容はよく知られているが，分析を完全にするために，ここでは，あえて証明を付しておく．

（証明）　$\boldsymbol{y}$ を λ に対応する $\boldsymbol{G}$ の固有行ベクトルとする．そのとき，定義により，

$$\lambda \boldsymbol{y} = \boldsymbol{y}\boldsymbol{G}. \tag{1-42}$$

k を $|y_k| = \max_{i \in \mathbf{N}} |y_i|$ を満たす番号としよう．$\boldsymbol{y} \neq \boldsymbol{0}$ により，$|y_k| > 0$．(1-42) の第 k 番目の式に注目すれば，

$$\begin{aligned} |\lambda||y_k| = |\lambda y_k| &= \left| \sum_{i=1}^{n} y_i g_{ik} \right| \\ &\leqq \sum_{i=1}^{n} |y_i||g_{ik}| \\ &\leqq |y_k| \sum_{i=1}^{n} g_{ik}| \end{aligned}$$

が導かれる．上式を，$|y_k| > 0$ で除すことにより，

$$|\lambda| \leqq \sum_{i=1}^{n} |g_{ik}| \leqq \max_{j \in \mathbf{N}} \sum_{i=1}^{n} |g_{ij}|$$

を得る．証明は，固有行ベクトル $\boldsymbol{y}$ を λ に対応する固有列ベクトルと置き換えることで完結する．

（証明終）

1.5　課税－補助部門の選択

従来の研究では，tax-subsidy 方式を実施する際，課税部門(t)，補助部門(s)のいずれをも政策当局が恣意的に決定するものとして扱ってきたが，政策当局が，これら部門をいかに選択すべきかに興味を抱くことは，寧ろ自然であろう．いうまでもなく，t と s は tax-subsidy 方式ができるだけ効率的に機能するように選択されることが望ましい．現在考慮されている tax-subsidy 方式の効果を測る尺度は，必ずしも一義的ではない．しかし，post-tax-subsidy 価格が上昇しない財の数に着目し，そうした財の数を最大化する (t, s) を見出すことは，容易で，しかもかなり合理的であろう．この尺度を採用すれば，t と s は，以下のように決定できる．

〈1〉 任意の対 $(t, s) \in \boldsymbol{N} \times \boldsymbol{N}$ に対応して，tax-subsidy 政策実行後に価格が変化しない，あるいは下落する財の数 $\rho(t, s)$ を計算する．

次に，

〈2〉 $\max_{(t,s) \in N \times N} \rho(t, s)$ が達成される対 (t, s) を見出す．

この手順自身は，考察対象としている税が従量税であるか従価税であるかにかかわらず有効である．しかしながら，従価税を課した場合の tax-subsidy 方式を検討する際には，手順〈1〉が，比較静学分析にとって必要な $\eta_t > 0$ に依存するということは有意味である．また，[定理 1-4] が主張するように，従量税を想定することによって確立された価格変化に関する結論は，従価税を課した tax-subsidy 方式の場合にも適用され得る．それゆえ，従量税の場合における tax-subsidy 方式の下で t と s を決定するためには，$\eta_t > 0$ を仮定すれば十分である．さらに，θ が (1-38) と (1-41) を満足する範囲内に選択される限り，η_t の符号を気にかける必要はない．なぜなら，この場合，θ の選択が保証する動学過程の安定性によって，η_t は決して非正とはならないからである．

なお，本節の議論は，第 2 章第 5 節で，詳述される．

1.6 結　　び

本章では，最初に Metzler の tax-subsidy 方式に関する従来の結果を再構築するとともに，課税部門，補助部門の決定方法，および post-tax-subsidy 均衡価格の非負性と従価税を課した場合の価格形成過程の動学的安定性が整合的である税率の範囲を議論することにより，若干の隙間を埋めたといえよう．本章の主要な結論は，伝統的な投入産出体系を想定することにより得られる [定理 1-3] ～ [定理 1-5] に集約される．

しかしながら，Isard 型の多地域投入産出体系[4] が，形式的には，本章で扱った体系と同一であることを考慮すれば，ある 1 点を除き，Isard 型の投入産出体系で記述される多地域モデルに適用される場合にも，われわれの結論は有効であろう．その1点とは，地方当局は，その行政管区内の産業にしか課税，もしくは補助を行えないということである．他方，Moses-Chenery 型のような他のタイプの多地域投入産出体系における tax-subsidy 方式の効果は，残された課題といえよう．もっとも，上述のいずれの場合においても，現在の結論は，あったとしても，小さな修正をなせば十分適用可能と思われる．

4)　多地域投入産出体系については，第2章第6節で述べる．

第2章
浄化活動を含んだ Leontief 体系における最終需要の再分配効果*)

2.1 はじめに

Leontief (1970) が汚染物質の浄化活動を含む投入産出モデルを提唱して以来，この Leontief の枠組みを用いて，多数の論者がさまざまな視点から環境浄化対策を論じてきた．たとえば，河野・氷鉋 (1992) や氷鉋 (1995) は，生産活動から排出される汚染物質を浄化するのに必要な全浄化費用を生産者が負担しなければならないという基本原理の下で課せられる間接税の効果の分析に努めた．また，Kimura and Kondoh (1976) は，汚染物質の浄化産業を含む 2 地域投入産出モデルを仮定し，浄化活動への最適投資を検討した．しかし，これまで Leontief の枠組みでなされてきた研究は，最終需要と価格の双方に直接的に影響を与える政策効果の分析には少しも関心を払っていない．それゆえ，そのような政策効果を研究することは，いくばくかの価値があると思われる．

したがって，本章では，第 1 章で扱ったモデルに浄化活動を加えた Leontief 体系において，最終需要の政策的変更に着目し，次の 2 つの問題を考察する．

第 1 は，ある産業の最終需要を削減し，他の産業，一たとえば，汚染浄

*) 本章は，主に，Nakayama (1997) および Nakayama (2001) に依拠している．

化産業―に補助金として与えた場合，均衡産出および均衡価格にいかなる影響を及ぼすかという問題である．この問題の分析には，第3節があてられる．第2の問題は，ある産業から削減した最終需要を，別の産業の最終需要に振り分けることによって生ずる効果の分析で，第4節で考察される．

その準備として，第2節では，本章で必要な記号を定めるとともに，線形計画モデルとして構築された投入産出モデルの諸性質を利用して，汚染除去活動の陽表化が一国の経済活動の集約的表現である国民所得概念に与える影響，すなわち，未処理汚染物質の評価額分だけ，国民所得が減少すること，および Leontief 体系における国民所得の三面等価の原則を記述・証明する．第3節では，ある産業に対する最終需要の削減によって得られる資金を，他産業，中でも浄化産業に補助金として与える政策に注目する．なお，ここでは，2タイプの補助金，すなわち，①産業の生産費用に直接影響を与える補助金と②浄化産業の技術進歩を促すことを目的とする補助金とを考察し，政策の施行が均衡産出に及ぼす効果を主として分析する．

静学的な投入産出分析では，資本ストックは，すべて所与として扱われる．したがって，未処理汚染排出量に課される規制は，浄化産業の処理能力の限界，すなわち，キャパシティ・リミット (capacity limit) の範囲内に留まらざるを得ない．しかし，汚染処理産業のキャパシティ・リミットを越える排出規制を課すことが急務であるような場合には，キャパシティ・リミットの拡張が，短期的には不可能である以上，若干の産業に対する最終需要の削減を通じて排出汚染量を減少させる以外に探るべき方途は見当たらないであろう．これが，環境対策として，最終需要の再分配を考察する理由である．さらに，問題となっている汚染物質の排出量の多い産業に対する最終需要を，他の産業に再分配することにより，環境規制を達成しながらも，削減した最終需要がもたらす負の効果を和らげようと図ることは，それが実現可能ならば，望ましいと思われる．この目的のために，第4節では，最終需要のこの再分配方式を実行した結果として生ずる均衡産出の変化を検討する．第 5 節では，これまでは，政策当局が恣意的に決定すると考えてきた最終需要再分配方式を適用する産業の決定方法を提言する．すなわち，最終需要の削減を求められる産業とその一部が再分配される産業を，再分配が引き起こす負の効果を最小にするよう，いかにして決定するかを議論する．さらに，第 6 節では，これまで想定してきた通常の投入産出モデルに代わって，多地域投入産出モデルが考慮されたとき，第 3 節，第 4 節の結果がどの程度適用可能でいられるかを考察した．

最後に，第 7 節で，残されたいくつかの課題を検討する．

2.2　予備的記述

本章では，通常の投入産出分析と同様，非結合生産を仮定し，m 種の財の生産過程から，$(n-m)$ 種の汚染物質が排出されるが，これら汚染物質の浄化にあたる $(n-m)$ 産業が稼動している経済を想定する．まず，本章で必要とする記号と仮定を以下に述べる．

$\boldsymbol{N}=\{1, \cdots, n\}$	：番号集合
$\mathrm{I}=\{1, \cdots, m\}$	：財を表す番号集合
$\mathrm{II}=\{m+1, \cdots, n\}$	：汚染物質を表す番号集合
$a_{ij}(i, j \in \mathrm{I})$	：第 j 財 1 単位の生産に必要な第 i 財の投入
$a_{ij}(i \in \mathrm{I}, j \in \mathrm{II})$	：第 j 汚染物質 1 単位の浄化（もしくは除去）に必要な第 i 財の投入
$a_{ij}(i \in \mathrm{II}, j \in \mathrm{I})$	：第 j 財 1 単位の生産から排出される第 i 汚染物質の量
$a_{ij}(i, j \in \mathrm{II})$	：第 j 汚染物質 1 単位の浄化に伴って排出される第 i 汚染物質の量
$x_i(i \in \mathrm{I})$	：第 i 財の生産量
$x_i(i \in \mathrm{II})$	：第 i 汚染物質の除去量（第 i 汚染浄化産業の産出）

$\boldsymbol{x} = (x_i, \cdots, x_n)^t$ ：産出量ベクトル（列ベクトル）

$g_i (i \in \mathrm{I})$ ：第 i 財に対する最終需要

$\boldsymbol{g} = (g_1, \cdots, g_n)^t$ ：外生的最終需要ベクトル（列ベクトル）

$d_i (i \in \mathrm{II})$ ：未処理の第 i 汚染物質の上限

$\boldsymbol{d} = (d_{m+1}, \cdots, d_n)^t$ ：汚染物質排出上限ベクトル（列ベクトル）

$p_i (i \in \mathrm{I})$ ：第 i 財価格

$p_i (i \in \mathrm{II})$ ：浄化された第 i 汚染物質 1 単位の価格

$\boldsymbol{p} = (p_1, \cdots, p_n)$ ：価格ベクトル（行ベクトル）

$v_i (i \in \mathrm{I})$ ：第 i 財 1 単位あたりの付加価値

$v_i (i \in \mathrm{II})$ ：浄化された第 i 汚染物質 1 単位あたりの付加価値

$\boldsymbol{v} = (v_i, \cdots, v_n)$ ：付加価値ベクトル（行ベクトル）

$\boldsymbol{A} = (a_{ij})$ ：$a_{ij} (i, j = 1, \cdots, n)$ から成る技術係数行列

$\boldsymbol{A}_{JK}$ ：$a_{jk} (j \in \boldsymbol{J}, k \in \boldsymbol{K}\,;\, \boldsymbol{J}, \boldsymbol{K} = \mathrm{I}, \mathrm{II})$ から構成される $\boldsymbol{A}$ の部分行列

$\boldsymbol{e}_i (\boldsymbol{e}^i)$ ：特に断りのない限り，n 次第 i 単位行（列）ベクトル$(i = 1, \cdots, n)$

$\boldsymbol{I}$ ：特に断りのない限り，n 次単位行列

$\boldsymbol{B} = (b_{ij})$ ：第(i, j)要素を $b_{ij} (i, j = 1, \cdots, n)$ とする$(\boldsymbol{I} - \boldsymbol{A})$の逆行列$(= (\boldsymbol{I} - \boldsymbol{A})^{-1})$

b_{ij} ：第 j 産業への最終需要が 1 単位増加し，他産業への最終需要に変化がなかったとき，変化後の最終需要に対応する均衡産出ベクトルを達成するために，第 i 財が，直接・間接にどれほど必要とされるかを表す．

$\boldsymbol{b}_i (\boldsymbol{b}^i)$ ：$\boldsymbol{B}$ の第 i 行（列）

$\boldsymbol{B}_{JK}$ ：$b_{jk} (j \in \boldsymbol{J}, k \in \boldsymbol{K}\,;\, \boldsymbol{J}, \boldsymbol{K} = \mathrm{I}, \mathrm{II})$ から成る $\boldsymbol{B}$ の部分行列

［仮定2-1］　$(\boldsymbol{I}-\boldsymbol{A})$は，M行列である．

［仮定2-1］に関する注意：［仮定2-1］は，実質的には第1章の［仮定1-1］と同様である．

次に，本節の主要議論に移る．各財の需要はその財の供給を上回れないこと，および未処理のまま残される第i汚染物質がd_i以下に制約されていることを考慮すれば，

(2-1-1)
$$\boldsymbol{x}_{\mathrm{I}}-(\boldsymbol{A}_{\mathrm{I\,I}}\ \boldsymbol{A}_{\mathrm{I\,II}})\boldsymbol{x} \geqq \boldsymbol{g}$$

および

(2-1-2)
$$(\boldsymbol{A}_{\mathrm{II\,I}}\ \boldsymbol{A}_{\mathrm{II\,II}})\boldsymbol{x}-\boldsymbol{x}_{\mathrm{II}} \leqq \boldsymbol{d}$$

は明らかである．なお，$\boldsymbol{x}_J$は$\boldsymbol{x}$から$x_i(i\in \boldsymbol{J}\,;\boldsymbol{J}=\mathrm{I},\mathrm{II})$を取り出して得られる部分ベクトルである．

(2-1-1)，(2-1-2) の項を整理して書き直せば，

(2-2)
$$\begin{pmatrix} \boldsymbol{I}_{\mathrm{I}}-\boldsymbol{A}_{\mathrm{II}} & -\boldsymbol{A}_{\mathrm{I\,II}} \\ -\boldsymbol{A}_{\mathrm{II\,I}} & \boldsymbol{I}_{\mathrm{II}}-\boldsymbol{A}_{\mathrm{II\,II}} \end{pmatrix}\begin{pmatrix} \boldsymbol{x}_{\mathrm{I}} \\ \boldsymbol{x}_{\mathrm{II}} \end{pmatrix} \geqq \begin{pmatrix} \boldsymbol{g} \\ -\boldsymbol{d} \end{pmatrix}.$$

したがって，全体としての効率的な生産計画は，

$$[P]\begin{cases} \boldsymbol{vx} \Rightarrow \min\limits_{x} \\ \textit{subject to} \\ (\boldsymbol{I}-\boldsymbol{A})\boldsymbol{x} \geqq \begin{pmatrix} \boldsymbol{g} \\ -\boldsymbol{d} \end{pmatrix} \qquad (P.1) \\ \boldsymbol{x} \geqq \boldsymbol{0} \qquad (P.2) \end{cases}$$

で与えられ，［P］の双対問題［D］は，次のように示される[1]．

$$[D]\begin{cases} \boldsymbol{p}\begin{pmatrix} \boldsymbol{g} \\ -\boldsymbol{d} \end{pmatrix} \Rightarrow \min\limits_{p} \\ \textit{subject to} \\ \boldsymbol{p}(\boldsymbol{I}-\boldsymbol{A}) \leqq \boldsymbol{v} \qquad (D.1) \\ \boldsymbol{p} \geqq \boldsymbol{0} \qquad (D.2) \end{cases}$$

1)　双対問題については，たとえば，二階堂 (1966, 1970)，Intriligator (1978)，Bazarra, Sherali and Shetty (1993) を参照．

［仮定 2-1］の下では，［P］の実現可能集合 $\boldsymbol{F_P}$ は，空ではない．なぜならば，$\boldsymbol{d}$ の正要素を 0 で置き換え，かつ非正要素をそのままにしたベクトルを $\bar{\boldsymbol{d}}$ と定めれば，$(\boldsymbol{I}-\boldsymbol{A})\boldsymbol{x}=\begin{pmatrix}\boldsymbol{g}\\-\bar{\boldsymbol{d}}\end{pmatrix}$ となる $\boldsymbol{x}\geqq\boldsymbol{0}$ が存在し，しかも，$\bar{\boldsymbol{d}}$ の定義により，$\begin{pmatrix}\boldsymbol{g}\\-\bar{\boldsymbol{d}}\end{pmatrix}\geqq\begin{pmatrix}\boldsymbol{g}\\-\boldsymbol{d}\end{pmatrix}$ が成立するからである．また，$\boldsymbol{p}=\boldsymbol{0}$ は (D. 1) と (D. 2) を満たすから，［D］の実現可能集合 $\boldsymbol{F_D}$ もまた非空となる．

これで，［仮定 2-1］の下では，$\boldsymbol{F_D}$，$\boldsymbol{F_P}$ がともに非空であることが示されたから，［P］と［D］のいずれもが実現可能であり，それゆえ，それぞれが最適ベクトル $\tilde{\boldsymbol{x}}$ と $\tilde{\boldsymbol{p}}$ を持つことが保証される（双対線形計画の存在定理；たとえば，(Goldman and Tucker (1956 ; p. 61, Theorem 2))．そのとき，この $\tilde{\boldsymbol{x}}$ と $\tilde{\boldsymbol{p}}$ に対して，(2-3) が成立する．

(2-3) $$\tilde{\boldsymbol{p}}\begin{pmatrix}\boldsymbol{g}\\-\boldsymbol{d}\end{pmatrix}=\boldsymbol{v}\tilde{\boldsymbol{x}}=\tilde{\boldsymbol{p}}(\boldsymbol{I}-\boldsymbol{A})\tilde{\boldsymbol{x}}.$$

（証明） (D. 1) で $\boldsymbol{p}=\tilde{\boldsymbol{p}}$ とし，この両辺に $\tilde{\boldsymbol{x}}\geqq\boldsymbol{0}$ を右乗すれば，

$$\tilde{\boldsymbol{p}}(\boldsymbol{I}-\boldsymbol{A})\tilde{\boldsymbol{x}}\leqq\boldsymbol{v}\tilde{\boldsymbol{x}}.$$

これと双対線形計画の双対性定理（たとえば，Goldman and Tucker (1956 ; p. 60)）により，

(2-4) $$\tilde{\boldsymbol{p}}(\boldsymbol{I}-\boldsymbol{A})\tilde{\boldsymbol{x}}\leqq\boldsymbol{v}\tilde{\boldsymbol{x}}=\tilde{\boldsymbol{p}}\begin{pmatrix}\boldsymbol{g}\\-\boldsymbol{d}\end{pmatrix}.$$

次に，(P. 1) で $\boldsymbol{x}=\tilde{\boldsymbol{x}}$ とし，この両辺に $\tilde{\boldsymbol{p}}\geqq\boldsymbol{0}$ を左乗すれば，

(2-5) $$\tilde{\boldsymbol{p}}(\boldsymbol{I}-\boldsymbol{A})\tilde{\boldsymbol{x}}\geqq\tilde{\boldsymbol{p}}\begin{pmatrix}\boldsymbol{g}\\-\boldsymbol{d}\end{pmatrix}$$

を得る．さらに，(2-4) と (2-5) から，

$$\tilde{\boldsymbol{p}}(\boldsymbol{I}-\boldsymbol{A})\tilde{\boldsymbol{x}}=\boldsymbol{v}\tilde{\boldsymbol{x}}=\tilde{\boldsymbol{p}}\begin{pmatrix}\boldsymbol{g}\\-\boldsymbol{d}\end{pmatrix}$$

がしたがう．

（証明終）

経済学的にいえば，要素所得（$v\tilde{x}$：国民分配分）は，最終生産物の総価値（$\tilde{p}(I-A)\tilde{x}$：国内総生産）に等しく，さらにそれは，最終需要に対する総支出と除去されない汚染物質の総帰属価値の差に等しい．これは，いわゆる，Leontief (1970) における国民所得の三面等価の原則である．また，後の便宜のため，最終需要に対する総支出と除去されない汚染物質の総帰属価値の差を以降では，修正済総最終支出と呼ぶこととする．

以下では，(P. 1) と (D. 1) の両者が等式として成立する場合に限定し，議論を進めることとする．

2.3　RFDS 方式による主要な結果

本節の目的は，ある財に対する最終需要を削減し，浄化産業に補助金を与える政策効果を考察することにある．ただし，ここでは，その補助金は，最終需要の削減により賄われると想定する．この副次的な制約は，新規に計画された政策が，現在の予算ポジションに直接的には何ら影響を及ぼさないとことを意味する．なお，この最終需要再分配方式を，以降では，簡単のため，RFDS (redistribution of final demand and subsidy) 方式と呼ぶこととする．

もし，われわれの主要な関心が環境浄化にあるならば，その生産過程が環境をひどく悪化させる財の最終需要を減少させることは，環境悪化の速度に歯止めをかけるであろう．なぜなら，その削減は，少なくとも，この財の産出を減少させるからである．

補助金は2つのタイプの補助金，すなわち，①産業の生産費用に直接影響をもたらす補助金，②浄化活動の技術開発を意図した補助金，の産出と価格に及ぼす効果を考察する．①は，適当な産業に補助金を与え，それをその産業の生産費用の一部に充当する．このタイプの補助金は，問題としている最終需要の削減による産出の低下によってもたらされる負の効果（たとえば，雇用の減退）を緩和させるために利用されるかもしれない．他方，②は，汚染物質の浄化活動における非体化型の技術進歩を加速するように用いる方法である．

まず，①のタイプの補助金の影響について考察しよう．

$\boldsymbol{x}=(x_1, \cdots, x_n)^t$ を pre-RFDS 均衡産出ベクトルとする．そのとき，

(2-6) $$\boldsymbol{x} = \boldsymbol{A}\boldsymbol{x}+\begin{pmatrix} \boldsymbol{g} \\ -\boldsymbol{d} \end{pmatrix} \quad \text{または} \quad (\boldsymbol{I}-\boldsymbol{A})\boldsymbol{x} = \begin{pmatrix} \boldsymbol{g} \\ -\boldsymbol{d} \end{pmatrix}$$

を得る．他方，pre-RFDS 均衡価格行ベクトル $\boldsymbol{p}=(p_1, \cdots, p_n)$は，次のように決定される．

(2-7) $$\boldsymbol{p} = \boldsymbol{p}\boldsymbol{A}+\boldsymbol{v} \quad \text{または} \quad \boldsymbol{p}(\boldsymbol{I}-\boldsymbol{A}) = \boldsymbol{v}.$$

今，第 $r(\in \mathrm{I})$財に対する最終需要が $\Delta g_r(>0)$だけ削減されたと仮定し，post-RFDS 均衡産出ベクトルを $\boldsymbol{y}=(y_1, \cdots, y_n)^t$ と表す．g_r が Δg_r だけ減少したことにより，$\boldsymbol{y}$ は，

(2-8) $$(\boldsymbol{I}-\boldsymbol{A})\boldsymbol{y} = \begin{pmatrix} \boldsymbol{g}-\Delta g_r \boldsymbol{e}^r \\ -\boldsymbol{d} \end{pmatrix}.$$

を満たさなければならない．それゆえ，(2-8) から (2-6) を減じて，

(2-9-1) $$\begin{aligned}(\boldsymbol{y}-\boldsymbol{x}) &= \boldsymbol{B}\begin{pmatrix} -\Delta g_r \boldsymbol{e}^r \\ \boldsymbol{0} \end{pmatrix} \\ &= \begin{pmatrix} \boldsymbol{B}_{\mathrm{I\,I}} & \boldsymbol{B}_{\mathrm{I\,II}} \\ \boldsymbol{B}_{\mathrm{II\,I}} & \boldsymbol{B}_{\mathrm{II\,II}} \end{pmatrix}\begin{pmatrix} -\Delta g_r \boldsymbol{e}^r \\ \boldsymbol{0} \end{pmatrix} \\ &= \begin{pmatrix} -\Delta g_r \boldsymbol{B}_{\mathrm{II}} \boldsymbol{e}^r \\ -\Delta g_r \boldsymbol{B}_{\mathrm{II\,I}} \boldsymbol{e}^r \end{pmatrix} \\ &= -\Delta g_r \boldsymbol{b}^r\end{aligned}$$

を得る．したがって，

(2-9-2) $$(y_i-x_i) = -\Delta g_r b_{ir} \qquad (i=1, \cdots, n)$$

$\Delta g_r>0$ および $b_{ir}\geqq 0$ を考慮すれば，

(i) $(y_i-x_i)\leqq 0 \qquad (i=1, \cdots, n)$

すなわち，第 i 財の産出は増加しない．それゆえ，もし政策当局が，すべての i に対して，$b_{ir}\geqq 0$ となるような番号 $r\in \mathrm{I}$ を選ぶことができれば，

Δg_r の削減は産出の全体的な減少をもたらす．しかしながら，そのような番号 r がⅠに存在しないのであれば，任意の $r\in$ Ⅰに対して，$b_{i_r r}<0$ となる i_r が存在することとなる．さらに，もし，$i_r\in$ Ⅱであるならば，最終需要の削減(Δg_r)は第 i_r 部門に，浄化活動を強化させる．

次に，補助金の価格に対する効果を分析する．$\boldsymbol{q}=(q_1, \cdots, q_n)$ を post-RFDS 均衡価格ベクトルとする．そのとき，補助金の総額は，$q_r\Delta g_r$ である．さらに，第 s(∈Ⅱ)部門が補助される部門として選択されたと仮定する．そのとき，産出1単位あたりの補助金は，$q_r\left(\dfrac{\Delta g_r}{y_s}\right)$ である．$\gamma=\left(\dfrac{\Delta g_r}{y_s}\right)$ とすれば，通常の状況では y_s が非正となることは滅多にないので，$\gamma>0$ を仮定するのは極めて自然であろう．

$\boldsymbol{q}$ は，post-RFDS 単位費用（産出1単位あたりの付加価値を含む）に等しいから，

(2-10-1) $$\boldsymbol{q}=\boldsymbol{qA}+\boldsymbol{v}-q_r\gamma\boldsymbol{e}_s$$

あるいは，

(2-10-2) $$\boldsymbol{q}(\boldsymbol{I}-\tilde{\boldsymbol{A}})=\boldsymbol{v}$$

により決定される．ここで，$\tilde{\boldsymbol{A}}$ は $\boldsymbol{A}$ の要素 a_{rs} を $(a_{rs}-\gamma)$ に置き換えて得られる行列である．

$\tilde{\boldsymbol{A}}$ の非負性を保つために，当面は，$a_{rs}\geqq\gamma$ を仮定する．γ は正と仮定されていたから，以降では，

(2-11) $$0<\gamma\leqq a_{rs}$$

と考える．この仮定の下では，$\tilde{\boldsymbol{A}}$ は，$\tilde{a}_{rs}=a_{rs}-\gamma$ が a_{rs} より γ だけ小さく，他の要素は不変とする非負行列である．したがって，もし，$(\boldsymbol{I}-\boldsymbol{A})$ が非負逆転可能であれば，$(\boldsymbol{I}-\tilde{\boldsymbol{A}})$ もまた同様である．

pre-RFDS 均衡価格ベクトル $\boldsymbol{p}$ は，(2-7) を満足するから，RFDS 方式により生ずる価格変化は，次式で与えられる．

(2-12-1) $$(\boldsymbol{q}-\boldsymbol{p})=\boldsymbol{v}[(\boldsymbol{I}-\tilde{\boldsymbol{A}})^{-1}-(\boldsymbol{I}-\boldsymbol{A})^{-1}].$$

ここで，$\varepsilon=\tilde{a}_{rs}-a_{rs}=-\gamma<0$ と定義しよう．$b_{ij}(\varepsilon)$ を $(\boldsymbol{I}-\tilde{\boldsymbol{A}})^{-1}$ の第(i, j)要素とする．そのとき，Sherman-Morrison 公式（Sonis and Hewings

(1995; p. 61 (1) 式) を適用すれば,

$$b_{ij}(\varepsilon) = b_{ij} + \frac{b_{ir}b_{sj}\varepsilon}{1-b_{sr}\varepsilon} \qquad (i, j = 1, \cdots, n) \tag{2-13}$$

を得る．それゆえ,

$$\begin{aligned} (q_i - p_i) &= \sum_{k=1}^{n} v_k (b_{ki}(\varepsilon) - b_{ki}) \\ &= \sum_{k=1}^{n} v_k \left(b_{ki} + \frac{b_{kr}b_{si}\varepsilon}{1-b_{sr}\varepsilon} - b_{ki} \right) \\ &= \frac{b_{si}\varepsilon}{1-b_{sr}\varepsilon} \left(\sum_{k=1}^{n} v_k b_{kr} \right) \\ &= \frac{b_{si}\varepsilon}{1-b_{sr}\varepsilon} p_r. \end{aligned} \tag{2-12-2}$$

したがって,

(ii) $(q_i - p_i) \leqq 0 \qquad (i = 1, \cdots, n)$

と主張できる．よって，通常，非負と考えられる $b_{si}(i=1, \cdots, n)$ および $b_{kr}(k=1, \cdots, n)$ に対して，提案された補助金は，結果として，全般的な価格下落（非騰貴）をもたらすであろう．

さて，前節の分析を利用して，修正済総最終支出（modified gross final expenditure; 以下，MGFE と略記）の変化を検討しよう．pre-RFDS-MGFE は,

$$\begin{aligned} \boldsymbol{p}\begin{pmatrix} \boldsymbol{g} \\ -\boldsymbol{d} \end{pmatrix} &= (\boldsymbol{p}_{\mathrm{I}} \quad \boldsymbol{p}_{\mathrm{II}})\begin{pmatrix} \boldsymbol{g} \\ -\boldsymbol{d} \end{pmatrix} \\ &= \boldsymbol{p}_{\mathrm{I}}\boldsymbol{g} - \boldsymbol{p}_{\mathrm{II}}\boldsymbol{d} \end{aligned} \tag{2-14}$$

と表される．他方，post-RFDS-MGFE は,

$$\begin{aligned} \boldsymbol{q}\begin{pmatrix} \boldsymbol{g} - \Delta g_r \boldsymbol{e}^r \\ -\boldsymbol{d} \end{pmatrix} &= (\boldsymbol{q}_{\mathrm{I}} \quad \boldsymbol{q}_{\mathrm{II}})\begin{pmatrix} \boldsymbol{g} - \Delta g_r \boldsymbol{e}^r \\ -\boldsymbol{d} \end{pmatrix} \\ &= \boldsymbol{q}_{\mathrm{I}}(\boldsymbol{g} - \Delta g_r \boldsymbol{e}^r) - \boldsymbol{q}_{\mathrm{II}}\boldsymbol{d} \end{aligned} \tag{2-15}$$

で与えられる．(2-15) から (2-14) を差し引けば,

$$(\boldsymbol{q}_{\mathrm{I}} - \boldsymbol{p}_{\mathrm{I}})\boldsymbol{g} - (\boldsymbol{q}_{\mathrm{II}} - \boldsymbol{p}_{\mathrm{II}})\boldsymbol{d} - \Delta g_r \boldsymbol{q}_{\mathrm{I}} \boldsymbol{e}^r \tag{2-16}$$

$$= \sum_{k \in \mathrm{I}} (q_k - p_k) g_k - \sum_{k \in \mathrm{II}} (q_k - p_k) d_k - \Delta g_r q_r$$

を得る．$(-\Delta g_r q_r) < 0$ であるが，MGFEの変動方向は，一般に，不確定である．しかしながら，未処理汚染物質の上限($\boldsymbol{d}$)が厳しければ厳しいほど，あるいは，最終需要の削減が大きければ大きいほど，MGFEの減少は大きい．

次に，②のタイプの補助金の影響に移るが，これは，2段階に分けて考察するのが適切である．というのは，補助の意図する技術進歩が実現されるには，若干の時間の遅れを伴うからである．第1段階は，本節で最初になされた$\Delta g_r (>0)$の削減が産出にもたらす即時的効果に関するものである．第2段階では，第s浄化産業の技術係数が変更される．そこで，改善された技術係数を$\bar{a}_{is} (i=1, \cdots, n)$，第2段階の技術係数行列を$\bar{\boldsymbol{A}}$で記すこととする．なお，$\bar{\boldsymbol{A}}$は$\boldsymbol{A}$の第$s$列$\boldsymbol{a}^s$を$\bar{\boldsymbol{a}}^s = (\bar{a}_{1s}, \cdots, \bar{a}_{ns})^t$で置き換えた行列である．今，$\varepsilon_{ks}$を，

(2-17)
$$\varepsilon_{ks} = \bar{a}_{ks} - a_{ks} \qquad (k = 1, \cdots, n)$$

と定めよう．そのとき，技術改善は必要とされる投入を減少させるから，すべてのkに対して，$\varepsilon_{ks} < 0$である．この段階で産出は，次のように決定される．

(2-18)
$$(\boldsymbol{I} - \bar{\boldsymbol{A}}) \boldsymbol{z} = \begin{pmatrix} \boldsymbol{g} - \Delta g_r \boldsymbol{e}_r \\ -\boldsymbol{d} \end{pmatrix}.$$

ここで，$\boldsymbol{z}$はpost-RFDS均衡産出ベクトルである．

$\boldsymbol{E} = \bar{\boldsymbol{A}} - \boldsymbol{A}$と定めれば，

(2-19)
$$\begin{aligned} (\boldsymbol{I} - \bar{\boldsymbol{A}})^{-1} &= (\boldsymbol{I} - \boldsymbol{A} - \boldsymbol{E})^{-1} \\ &= [(\boldsymbol{I} - \boldsymbol{A})(\boldsymbol{I} - \boldsymbol{BE})]^{-1} \\ &= (\boldsymbol{I} - \boldsymbol{BE})^{-1} \boldsymbol{B} \end{aligned}$$

がただちに導かれる．定義により，$\boldsymbol{E}$はn次正方行列であり，その第s列$(=(\varepsilon_{1s}, \cdots, \varepsilon_{ns})^t \equiv \varepsilon^s)$以外の列はすべてゼロベクトルである．それゆえ，直接計算により，

$$(I-BE)^{-1}=\begin{bmatrix} 1 & & 0 & \frac{c_{1s}}{1-c_{ss}} & & & \\ & \ddots & & \vdots & & 0 & \\ & & 1 & \frac{c_{s-1s}}{1-c_{ss}} & & & \\ & & & \frac{1}{1-c_{ss}} & & & \\ & 0 & & \frac{c_{s+1s}}{1-c_{ss}} & 1 & & \\ & & & \vdots & 0 & \ddots & \\ & & & \frac{c_{ns}}{1-c_{ss}} & & & 1 \end{bmatrix} \tag{2-20}$$

および

$$(I-BE)^{-1}-I=\frac{1}{1-c_{ss}}\begin{bmatrix} c_{1s}e_s \\ \vdots \\ c_{s-1s}e_s \\ c_{ss}e_s \\ c_{s+1s}e_s \\ \vdots \\ c_{ns}e_s \end{bmatrix} \tag{2-21}$$

を得る．ここで，$c_{is}=\sum_{j=1}^{n} b_{ij}\varepsilon_{js}(i=1, \cdots, n)$である．(2-18) と (2-19) より，

$$z=(I-BE)^{-1}B\begin{pmatrix} g-\Delta g_r e^r \\ -d \end{pmatrix}. \tag{2-22}$$

(2-8) と (2-21) を利用すれば，(2-22) は，

$$(z-y)=[(I-BE)^{-1}-I]\,B\begin{pmatrix} g-\Delta g_r e^r \\ -d \end{pmatrix}. \tag{2-23}$$

$$
= \frac{1}{1-c_{ss}} \begin{bmatrix} c_{1s}\boldsymbol{e}_s \\ \vdots \\ c_{s-1s}\boldsymbol{e}_s \\ c_{ss}\boldsymbol{e}_s \\ c_{s+1s}\boldsymbol{e}_s \\ \vdots \\ c_{ns}\boldsymbol{e}_s \end{bmatrix} \boldsymbol{y} = \frac{1}{1-c_{ss}} \begin{bmatrix} c_{1s} \\ \vdots \\ c_{ns} \end{bmatrix} y_s
$$

を導く．もし，$b_{ij} \geqq 0(i, j=1, \cdots, n)$であれば，すべての i に対して，$c_{is} \leqq 0$ となることは明らかである．また，$y_s \geqq 0$ と考えてさしつかえない．ゆえに，(2-23) により，以下の結論を得る．

(iii)　$(z_i - y_i) \leqq 0 \qquad (i = 1, \cdots, n)$

通常，期待される産出の減少は，考慮されている社会が，未処理の汚染物質に課す上限を緩和することなく，実現される．

さらに，(2-23) により記述された補助金の効果は，要求された技術進歩を実現するために必要な補助金を支出することにより引き起こされた最終需要の変化がもたらす効果を考慮していないことに注意すべきである．研究開発の場合，研究に費やす支出のかなり高い割合が，賃金や俸給の形態をとる．労働所得のこうした増加は，次々にさまざまな財の需要を刺激する．このような波及効果は，実質的には，Miyazawa の相互所得乗数[2)] (interrelational income multiplier) として述べられたものである．それゆえ，完全な研究のためには，相互所得乗数の形成に習って，これらの相互依存の全過程を定式化する必要がある．

この段階においては，均衡価格は，

$$
\begin{aligned}
\boldsymbol{q} &= \boldsymbol{qA} + \boldsymbol{v} - q_r \gamma \boldsymbol{e}_s \\
&= \boldsymbol{q\bar{A}} + \boldsymbol{v}
\end{aligned}
$$

によって決定される．したがって，

(2-24)　$$\boldsymbol{q}(\boldsymbol{I} - \boldsymbol{\bar{A}}) = \boldsymbol{v}$$

2)　Miyazawa（1976 ; p. 6）参照．

を得る．(2-24) と (2-7) を合わせれば，価格変化は，

(2-25-1)
$$(\boldsymbol{q}-\boldsymbol{p}) = \boldsymbol{v}[(\boldsymbol{I}-\bar{\boldsymbol{A}})^{-1}-\boldsymbol{B}] = \boldsymbol{v}[(\boldsymbol{I}-\boldsymbol{BE})^{-1}\boldsymbol{B}-\boldsymbol{B}] = \boldsymbol{v}[(\boldsymbol{I}-\boldsymbol{BE})^{-1}-\boldsymbol{I}]\boldsymbol{B}$$

と与えられる．(2-21) に留意すれば，(2-25-1) は，

(2-25-2)
$$(q_i-p_i) = \frac{1}{1-c_{ss}}\left(\sum_{k=1} v_k c_{ks}\right) b_{si} \qquad (i=1, \cdots, n)$$

と表され，$b_{si} \geqq 0$ に留意すれば，以下を得る．

(iv) $(q_i-p_i) \leqq 0 \qquad (i=1, \cdots, n)$

したがって，$\boldsymbol{B}$ が非負行列であるという標準的な仮定の下では，補助金が意図する技術革新は，ある期間が経過した後，すべての価格を下落（非騰貴）に向かわせると結論付けられる．

2.4 RFD 方式による主要な結果

前節では，最終需要を削減し，同時に浄化産業に補助金を付与することにより，排出汚染物質の減少を図った．これに対し，本節では，排出汚染物質の総量規制を行うことによる最終需要の再分配効果，より具体的には，ある産業から削減した最終需要を，他の産業に振り分けることによって生ずる効果，を考察する．この最終需要再分配方式を，以降では，簡単のため，RFD (redistribution of final demand) 方式と記すこととする．

本節では，主として，RFD 方式が，均衡産出に及ぼす影響を検討する．pre-RFD 均衡産出ベクトルを $\boldsymbol{x}=(x_1, \ldots, x_n)^t$ で表せば，

(2-26-1)
$$(\boldsymbol{I}-\boldsymbol{A})\boldsymbol{x} = \begin{pmatrix} \boldsymbol{g} \\ -\boldsymbol{d} \end{pmatrix}.$$

もしくは，(2-26-1) と等価ではあるが，

(2-26-2)
$$\boldsymbol{x} = \boldsymbol{B}\begin{pmatrix} \boldsymbol{g} \\ -\boldsymbol{d} \end{pmatrix}$$

を得る．一般性を失うことなく，われわれは第 n 部門の pre-RFD 均衡産出(x_n)がそのキャパシティ・リミット$(\bar{x}_n)$を上回ると仮定することができる．そのとき，(2-26-2) より，

$$x_n = \boldsymbol{b}_n \begin{pmatrix} \boldsymbol{g} \\ -\boldsymbol{d} \end{pmatrix} > \bar{x}_n \tag{2-27}$$

が導かれる．

まず，ある財，―たとえば，第 r 財―に対する最終需要をいかに削減すべきかを考察しよう．その削減量を $\Delta g_r(>0)$で表し，そのとき，g_r の減少は，他の財―たとえば，第 s 財―に対する最終需要を $\frac{p_r}{p_s}\Delta g_r$ だけ増加させるために使うことができると考える．したがって，post-RDF 均衡産出列ベクトル $\boldsymbol{y}=(y_1, \cdots, y_n)^t$ は，

$$(\boldsymbol{I}-\boldsymbol{A})\boldsymbol{y} = \begin{pmatrix} \boldsymbol{g}-\Delta g_r\left(\boldsymbol{e}^r-\frac{p_r}{p_s}\boldsymbol{e}^s\right) \\ -\boldsymbol{d} \end{pmatrix} \tag{2-28-1}$$

を満足せねばならない．それゆえ，

$$\boldsymbol{y} = \boldsymbol{B}\begin{pmatrix} \boldsymbol{g}-\Delta g_r\left(\boldsymbol{e}^r-\frac{p_r}{p_s}\boldsymbol{e}^s\right) \\ -\boldsymbol{d} \end{pmatrix}. \tag{2-28-2}$$

(2-28-2) の第 n 番目の方程式に着眼すれば，

$$\begin{aligned} y_n &= \boldsymbol{b}_n \begin{pmatrix} \boldsymbol{g} \\ -\boldsymbol{d} \end{pmatrix} - \boldsymbol{b}_n \begin{pmatrix} \Delta g_r\left(\boldsymbol{e}^r-\frac{p_r}{p_s}\boldsymbol{e}^s\right) \\ \boldsymbol{0} \end{pmatrix} \\ &= x_n - \Delta g_r\left(b_{nr}-\frac{p_r}{p_s}b_{ns}\right) \end{aligned} \tag{2-29}$$

を得る．もし，任意の $r\in I$ と $s\in I(r)$に対して，$\left(b_{nr}-\frac{p_r}{p_s}b_{ns}\right)\leqq 0$ ならば，(2-29) より，任意に与えられた $\Delta g_r>0$ に対して，y_n は決して x_n を下回らない．ただし，(2-27) により，$x_n>\bar{x}_n$ と仮定されている．したがって，すべての $\Delta g_r>0$ に対して

$$\bar{x}_n < x_n \leqq y_n$$

が成立する．

なお，今後は，次の仮定を設ける．

[仮定 2-2]　以下を満足する少なくとも 1 つの番号 $r \in I$ が存在する．

$$\boldsymbol{T}_n^r = \left\{ s \in \mathrm{I}(r) \middle| b_{nr} - \frac{p_r}{p_s} b_{ns} > 0 \right\} \neq \phi.$$

一般に，[仮定 2-2] を満たす番号 r は，複数存在するかもしれない．それゆえ，さらに，集合 $\boldsymbol{D}$ を，

$$\boldsymbol{D} = \{ r \in \mathrm{I} \,|\, \boldsymbol{T}_n^r \neq \phi \}$$

と定義する．これは，いくらかの量の最終需要が他の部門に移転される部門の領域を形成する．そのとき，任意に固定された $r \in \boldsymbol{D}$ に対応して，$\boldsymbol{T}_n^r$ から恣意的に選ばれた s に対して，

(2-30) $$x_n - \Delta g_r \left(b_{nr} - \frac{p_r}{p_s} b_{ns} \right) \leqq \bar{x}_n$$

を成立させる $\Delta g_r > 0$ を見つけることができる．こうして選ばれた任意の $\Delta g_r > 0$ は，キャパシティ・リミットを侵すことなく，当初計画された環境保全の達成を可能にする．

さて，均衡産出の変化パターンの検討に移ろう．(2-28-2) から (2-26-2) を減ずることにより，

(2-31-1) $$\boldsymbol{y} - \boldsymbol{x} = -\Delta g_r \left(\boldsymbol{b}^r - \frac{p_r}{p_s} \boldsymbol{b}^s \right).$$

上式を要素表示すれば，

(2-31-2) $$y_i - x_i = -\Delta g_r \left(b_{ir} - \frac{p_r}{p_s} b_{is} \right) \qquad (i = 1, \cdots, n)$$

と表される．ここで，post-RFD 均衡価格行ベクトル $\boldsymbol{p} = (p_1, \cdots, p_n)$ は，

(2-32-1) $$\boldsymbol{p} = \boldsymbol{pA} + \boldsymbol{v}$$

として決定され，それゆえ，

(2-32-2) $$\boldsymbol{p} = \boldsymbol{vB}$$

と解かれることに注意すれば，(2-31-2) の右辺の第 2 項 $\left(b_{ir} - \dfrac{p_r}{p_s} b_{is} \right)$ は，(2-33) に変形される．

(2-33)
$$b_{ir}-\frac{p_r}{p_s}b_{is}=\frac{1}{p_s}(b_{ir}p_s-b_{is}p_r)$$
$$=\frac{1}{\sum_{j=1}^{n}v_jb_{js}}\left(b_{ir}\sum_{j=1}^{n}v_jb_{js}-b_{is}\sum_{j=1}^{n}v_jb_{jr}\right)$$
$$=\frac{1}{\sum_{j=1}^{n}v_jb_{js}}\sum_{j\neq i}[(b_{ir}b_{js}-b_{is}b_{jr})v_j].$$

よって，(2-31-2) および (2-33) は，

(2-34)
$$\mathrm{sgn}(y_i-x_i)=-\mathrm{sgn}\left(b_{ir}-\frac{p_r}{p_s}b_{is}\right)$$
$$=-\mathrm{sgn}\left[\sum_{j\neq i}(b_{ir}b_{js}-b_{is}b_{jr})v_j\right]\qquad(i=1,\cdots,n)$$

を意味する．したがって，次の定理が導かれる．

[定理 2-1]

(i)　$y_r-x_r\leqq 0\qquad(r\in \mathrm{I})$

(ii)　$y_s-x_s\geqq 0\qquad(s\in \mathrm{I})$

(iii)　$(y_i-x_i)\gtreqqless 0\Longleftrightarrow\left(b_{ir}-\frac{p_r}{p_s}b_{is}\right)\lesseqqgtr 0$

(iv-i)　$b_{ir}=0$ ならば，r および n 以外の任意の $i\in \boldsymbol{N}$ に対して $(y_i-x_i)\geqq 0$

(iv-ii)　$b_{is}=0$ ならば，s 以外の任意の $i\in \boldsymbol{N}$ に対して $(y_i-x_i)\leqq 0$

(証明)

(i)　(2-34) で，$i=r$ とすれば，

$$\mathrm{sgn}(y_r-x_r)=-\mathrm{sgn}\left[\sum_{j\neq i}(b_{rr}b_{rs}-b_{rs}b_{jr})v_j\right].$$

また，[定理 1-2；(ii)] の第1不等式における (a^{ij}) を (b_{ij})，添え字 g, j, i をそれぞれ r, s, j で置き換えれば，

$$b_{rr}b_{js}-b_{rs}b_{jr}\geqq 0.$$

v_j は非負であるから，$(y_r - x_r)$は，非正となる．

(ii) 同様に，(2-34) で，$i=s$ と置けば，

$$\operatorname{sgn}(y_s - x_s) = -\operatorname{sgn}\left[\sum_{j \neq s} (b_{sr}b_{js} - b_{ss}b_{jr})\,v_j\right].$$

さらに，[定理 1-2 ; (i)] の第 1 不等式における(a^{ij})を(b_{ij})，i, j, k をそれぞれ j, r, s とみなせば，

$$b_{sr}b_{js} - b_{ss}b_{jr} \leqq 0$$

を得る．したがって，$y_s - x_s \geqq 0$.

(iii) (2-34) より，明らかである．

(iv) $b_{ir}=0\,(b_{is}=0)$ ならば，$(b_{ir}b_{js} - b_{is}b_{jr}) = -b_{is}b_{jr}\,(b_{ir}b_{js})$．したがって再度 (2-34) を利用すれば，ただちに求める結論を得る．

(証明終)

(注意) (2-32-2) により，$p_j = \sum_i v_i b_{ij}$．それゆえ，$b_{ij} = \dfrac{\partial p_j}{\partial v_i}$ が $\dfrac{v_i}{p_j}$ で除した v_i に関する p_j の弾力性であることに留意すれば，

$$b_{ir} - \frac{p_r}{p_s} b_{is} = \frac{p_r}{v_i}\left(\frac{v_i}{p_r}\frac{\partial p_r}{\partial v_i} - \frac{v_i}{p_s}\frac{\partial p_s}{\partial v_i}\right)$$

である．ゆえに，

$$\left(b_{ir} - \frac{p_r}{p_s} b_{is}\right) \gtreqless 0 \Leftrightarrow \frac{v_i}{p_r}\frac{\partial p_r}{\partial v_i} \gtreqless \frac{v_i}{p_s}\frac{\partial p_s}{\partial v_i}.$$

換言すれば，p_r の v_i に関する弾力性が，p_s の v_i に関するそれより小さくないときには，$\left(b_{ir} - \dfrac{p_r}{p_s} b_{is}\right) \geqq 0$．これは，最終需要をより弾力的な財からより弾力的でない財に再分配することで，キャパシティ・リミットを満たすことができることを意味する．

2.5 RFD 方式の適用部門の選択

これまで，最終需要の一部が削減される部門と再分配される部門は，所与として扱ってきた．本節では，これらの部門をいかに選択するかを検討

する．選択基準は決して一義的ではないが，考え得る基準の中で，一般に，受け入れ易い基準に限り，検討の対象とする．基本的な考え方としては，最終需要の再分配が，均衡産出に及ぼす負の効果を最小にする基準を採用する．なお，ここでの議論は，第1章第5節における課税部門と補助部門の選択に際しても，有用である．

追加的に，以下の記号が必要とされる．

$$\boldsymbol{\pi} = \{i \in \boldsymbol{N} \mid y_i \geqq x_i\}$$

$$\boldsymbol{\pi}^c = \{i \in \boldsymbol{N} \mid y_i < x_i\}$$

$$\boldsymbol{Z}_s = \{i \in \boldsymbol{N} \mid b_{is} = 0\}$$

$$\boldsymbol{Z}_s^c = \{i \in \boldsymbol{N} \mid b_{is} > 0\}$$

$$\boldsymbol{Z}_s^{c+} = \left\{ i \in \boldsymbol{Z}_s^c \,\middle|\, \frac{b_{ir}}{b_{is}} \leqq \frac{p_r}{p_s} \right\}$$

$$\boldsymbol{Z}_s^{c-} = \left\{ i \in \boldsymbol{Z}_s^c \,\middle|\, \frac{b_{ir}}{b_{is}} > \frac{p_r}{p_s} \right\}$$

$$\boldsymbol{Z}_r = \{i \in \boldsymbol{N} \mid b_{ir} = 0\}$$

$$\boldsymbol{Z}_r^c = \{i \in \boldsymbol{N} \mid b_{ir} > 0\}$$

$\#\boldsymbol{X}$：集合 $\boldsymbol{X}$ に属する要素数

任意の $i \in \boldsymbol{N}$ に対して $b_{ii}>0$ であることに注意すれば，集合 $\boldsymbol{Z}_s^c$ と $\boldsymbol{Z}_r^c$ は空ではない．さらに，[定理 2-1] (i)，(ii) および (2-30) と仮定された $\bar{x}_n < x_n$ により，集合 $\boldsymbol{\pi}$，$\boldsymbol{\pi}^c$，$\boldsymbol{Z}_s^{c+}$ と $\boldsymbol{Z}_s^{c-}$ もまた非空である．それゆえ，規準を満たす2部門(r, s)を選択する方法を考えることは，無意味ではなかろう．

今後の便宜のために，以下に2つの補助定理を示す．

[補助定理 2-1]

(i)　$(\boldsymbol{Z}_s^{c+})^c = \boldsymbol{Z}_s \cup \boldsymbol{Z}_s^{c-}$, (ii)　$\boldsymbol{Z}_s^{c-} \subseteq \boldsymbol{Z}_r^c$.

(証明)

(i)

($\subseteq$)　任意の $i \in \boldsymbol{Z}_s^{c+}$ に対して，$i \in \boldsymbol{Z}_s^c$ および $\left(b_{ir}-\dfrac{p_r}{p_s}b_{is}\right) \leqq 0$. ゆえに，任意の $j \notin \boldsymbol{Z}_s^{c+}$ に対して，$j \notin \boldsymbol{Z}_s^c$ または $\left(b_{ir}-\dfrac{p_r}{p_s}b_{is}\right) > 0$. これは，任意の $j \notin \boldsymbol{Z}_s^{c+}$ が $(\boldsymbol{Z}_s \cup \boldsymbol{Z}_s^{c-})$ の要素であることを意味する.

($\supseteq$)　次に，逆の包含関係を示そう．任意の $i \in (\boldsymbol{Z}_s \cup \boldsymbol{Z}_s^{c-})$ に対して，$i \notin \boldsymbol{Z}_s^c$ あるいは $i \notin \boldsymbol{Z}_s^{c+}$. $\boldsymbol{Z}_s^{c+} \subseteq \boldsymbol{Z}_s^c$ を考慮すれば，任意の $i \in (\boldsymbol{Z}_s \cup \boldsymbol{Z}_s^{c-})$ に対して，$i \in (\boldsymbol{Z}_s^{c+})^c$ を得る.

(ii)　任意の $i \in \boldsymbol{Z}_s^{c-}$ に対して，$b_{is} > 0$ および $\left(b_{ir}-\dfrac{p_r}{p_s}b_{is}\right) > 0$. ゆえに，$b_{ir} > \dfrac{p_r}{p_s}b_{is} > 0$. それゆえ，$i \in \boldsymbol{Z}_r^c$ となり，結論は明らかである.

(証明終)

[補助定理 2-2]

(i)　$\boldsymbol{\pi} = (\boldsymbol{Z}_s \cap \boldsymbol{Z}_r) \cup \boldsymbol{Z}_s^{c+}$,

(ii)　$\boldsymbol{\pi}^c = (\boldsymbol{Z}_s \cap \boldsymbol{Z}_r)^c \cap ((\boldsymbol{Z}_s^{c+})^c)$,

(iii)　$\boldsymbol{\pi}^c = \boldsymbol{Z}_s^{c-} \cup (\boldsymbol{Z}_r^c \cap \boldsymbol{Z}_s)$.

(証明)

(i)

($\subseteq$)　最初に，任意の $i \in \boldsymbol{\pi}$ に対して，$i \in ((\boldsymbol{Z}_s \cap \boldsymbol{Z}_r) \cup \boldsymbol{Z}_s^{c+})$ を背理法で示す．そのとき，$k \notin (\boldsymbol{Z}_s \cap \boldsymbol{Z}_r)$ かつ $k \notin \boldsymbol{Z}_s^{c+}$ である $k \in \boldsymbol{\pi}$ が存在する．k は $(\boldsymbol{Z}_s^{c+})^c$ の要素であるから，[補助定理 2-1；(i)] により，k は $\boldsymbol{Z}_s^{c-}$ または $\boldsymbol{Z}_s$ のいずれかに属する．もし $k \in \boldsymbol{Z}_s^{c-}$ ならば，$(y_k - x_k) < 0$. これは $k \in \boldsymbol{\pi}$ の仮定と矛盾する．したがって，$k \in \boldsymbol{Z}_s$. このことは，(2-31-2) と仮定 $k \in \boldsymbol{\pi}$ とともに，$0 \leqq (y_k - x_k) = -\Delta g_r b_{kr} \leqq 0$ を導く．それゆえ，$b_{kr}=0$. したがって，k は $(\boldsymbol{Z}_s \cap \boldsymbol{Z}_r)$ の要素でなければならない．しかし，これは仮

定された $k \notin (\boldsymbol{Z}_s \cap \boldsymbol{Z}_r)$ に矛盾する．

(⊇)　次に，$((\boldsymbol{Z}_s \cap \boldsymbol{Z}_r) \cup \boldsymbol{Z}_s^{c+})$ に属する任意の i を選ぶ．そのとき，$i \in (\boldsymbol{Z}_s \cap \boldsymbol{Z}_r)$ または $i \in \boldsymbol{Z}_s^{c+}$ に対応して，それぞれ $(y_i - x_i) = 0$ または $(y_i - x_i) \geqq 0$ である．したがって，i は $\boldsymbol{\pi}$ に含まれる．

(ii)　De Morganの法則を (i) に適用すれば，ただちに明らかである．

(iii)　(ii) と［補助定理 2-1］から，以下を得る．

(2-35)
$$\begin{aligned}\pi^c &= (\boldsymbol{Z}_s \cap \boldsymbol{Z}_r)^c \cap ((\boldsymbol{Z}_s^{c+})^c) \\ &= (\boldsymbol{Z}_s^c \cup \boldsymbol{Z}_r^c) \cap ((\boldsymbol{Z}_s^{c+})^c) \\ &= (\boldsymbol{Z}_s^c \cap (\boldsymbol{Z}_s^{c+})^c) \cup (\boldsymbol{Z}_r^c \cap (\boldsymbol{Z}_s^{c+})^c) \\ &= (\boldsymbol{Z}_s^c \cap (\boldsymbol{Z}_s \cup \boldsymbol{Z}_s^{c-})) \cup (\boldsymbol{Z}_r^c \cap (\boldsymbol{Z}_s \cup \boldsymbol{Z}_s^{c-})) \\ &= (\boldsymbol{Z}_s^c \cap \boldsymbol{Z}_s) \cup (\boldsymbol{Z}_s^c \cap \boldsymbol{Z}_s^{c-}) \cup (\boldsymbol{Z}_r^c \cap \boldsymbol{Z}_s) \cup (\boldsymbol{Z}_r^c \cap \boldsymbol{Z}_s^{c-}).\end{aligned}$$

定義により，$(\boldsymbol{Z}_s^c \cap \boldsymbol{Z}_s) = \phi$ かつ $(\boldsymbol{Z}_s^c \cap \boldsymbol{Z}_s^{c-}) = \boldsymbol{Z}_s^{c-}$．［補助定理 2-1；(ii)］を用いれば，$(\boldsymbol{Z}_r^c \cap \boldsymbol{Z}_s^{c-}) = \boldsymbol{Z}_s^{c-}$．それゆえ，(2-35) は結局，$\boldsymbol{\pi}^c = \boldsymbol{Z}_s^{c-} \cup (\boldsymbol{Z}_r^c \cap \boldsymbol{Z}_s)$ を導く．

（証明終）

次の段階は，r と s の選択規準である．RFD方式がもたらす負の効果についてはいくつかの見解があろうが，本節では，産出の減少に注目する．というのは，ある産業の産出の減少は，必然的にこれらの産業に雇用の減少をもたらすからであり，また，いくつかの産業の雇用の縮小は，総雇用の減少を招く可能性を否定できないからである．したがって，「負の効果」という語句は，厳密には「潜在的負の効果」を意味すると考えてさしつかえなかろう．

さて，選択基準の具体的な説明に移ろう．選択基準としては，〈1〉および〈2〉があげられる．

第1の基準は，次のとおりである．

〈1〉　最初に，当該のRFD方式が産出を減少させる産業数を最小化する．

形式的には，次の手順を実行することにより，この規準を満たす(r, s)の対が見出される．

〈1-1〉 任意に固定された$r \in \boldsymbol{D}$に対して，次の不等式を満たす$s_r \in \boldsymbol{T}_n^r$を見つける．

すべての$s \in \boldsymbol{T}_n^r$に対して，$\#\pi^c(r, s_r) \leqq \#\pi^c(r, s)$．

〈1-2〉 任意の$r \in \boldsymbol{D}$に対して，$\#\pi^c(r_0, s_{r_0}) \leqq \#\pi^c(r, s_r)$となるような$r_0 \in \boldsymbol{D}$を探す．

第2の規準は，次のように述べられる．

〈2〉 第2に，最終需要減少の1単位あたりの総負効果を最小にする．

総負効果を，

$$\Delta g_r \sum_{i \in \pi^c} \left(b_{ir} - \frac{p_r}{p_s} b_{is} \right)$$

と定めよう．なぜならば，(2-31-2) により，

$$\sum_{i \in \pi^c} \left(b_{ir} - \frac{p_r}{p_s} b_{is} \right) = \sum_{i \in \pi^c} \left(-\frac{(y_i - x_i)}{\Delta g_r} \right)$$
$$= -\frac{1}{\Delta g_r} \sum_{i \in \pi^c} (y_i - x_i)$$

を得るからである．この規準を満たす(r, s)の対は，以下の手順を経て求められる．

〈2-1〉 任意に固定された$r \in \boldsymbol{D}$に対して，以下を成立させる$s_r \in \boldsymbol{T}_n^r$を探す．

すべての$s \in \boldsymbol{T}_n^r$に対して，

$$\sum_{i \in \pi^c(r, s_r)} \left(b_{ir} - \frac{p_r}{p_{s_r}} b_{is_r} \right) \leqq \sum_{i \in \pi^c(r, s)} \left(b_{ir} - \frac{p_r}{p_s} b_{is} \right).$$

〈2-2〉 以下のような$r_0 \in \boldsymbol{D}$を見つける．

任意の $r \in \boldsymbol{D}$ に対して，

$$\sum_{i \in \pi^c(r, s_{r_0})} \left(b_{ir_0} - \frac{b_{r_0}}{b_{s_{r_0}}} b_{is_{r_0}} \right) \leqq \sum_{i \in \pi^c(r, s_r)} \left(b_{ir} - \frac{p_r}{p_{s_r}} b_{is_r} \right).$$

（注意）　すべての最適な (r, s) の対は，むろん適当な配列で格納される．このことは，規準〈1〉，〈2〉の双方に該当する．

2.6　多地域投入産出モデルへの適用

この節では，これまで仮定されていた通常の投入産出モデルが，多地域投入産出モデル（あるいは地域間投入産出モデル）に変更されたとき，第3節および第4節の結果がどの程度まで適用可能かを検討する．基礎となる投入産出モデルの変更に伴い，中央当局とともに地方当局が計画者として考慮されるべき存在となる．その際，中央当局は，異地域で生産された財の最終需要を再配分することができるが，地方当局は地域内で生産された財に対する最終需要を行政区域内においてのみ再分配ができる．これ以降は，地方当局を想定する．

追加的に必要とされる記号は，以下のとおりである．

k　　：地域数

n　　：各地域での産業数

x_{ij}^{rs}　　：第 s 地域で第 j 財を生産するために使われる第 r 地域で生産された第 i 財量

ただし，$\sum_{r=1}^{k} x_{ij}^{rs} = x_{ij}^{0s}$，　$\sum_{s=1}^{k} x_{ij}^{rs} = x_{ij}^{r0}$

$(i, j = 1, \cdots, n\,;\, r, s = 1, \cdots, k)$

$x_i^{rs} = \sum_{s=1}^{k} x_{ij}^{rs}$ ：第 s 地域に移出される第 r 地域で生産された第 i 財量

$x_i^{r0}=\sum_{s=1}^{k} x_i^{rs}$ ：第 r 地域で生産される第 i 財の総量

$x_i^{0s}=\sum_{r=1}^{k} x_i^{rs}$ ：第 s 地域で消費される第 i 財の総量

$\boldsymbol{F}$ ：地域の最終需要 f_i^s から成るベクトル，k 個の地域の各地域における最終利用者によって購入される第 i 財の量を示す n 個の要素を持つ列ベクトルとして配列される（$i=1, \cdots, n\,;\, s=1, \cdots, k$）．

$\boldsymbol{X}$ ：地域の産出 x_i^{r0} のベクトル，k 個の地域のそれぞれにおける n 個の産出を要素とする列ベクトルとして配列される．

さまざまな多地域投入産出モデルの中でも，出現頻度の高い Isard 型[3)]と Moses-Chenery 型[4)]を考察の対象とする．Isard 型においては，技術的関係を示す技術係数と交易パターンを示す交易係数とを分離することなく，それらを一括した地域技術係数（あるいは，地域間投入係数）を想定しているのに対し，Moses-Chenery 型では，技術係数と交易係数を明示的に分離している．

Isard 型の投入産出モデルは，

$$(\boldsymbol{I}-\boldsymbol{A}^*)\boldsymbol{X}=\boldsymbol{F} \tag{2-36}$$

で与えられる．ここで，$\boldsymbol{A}^*=(a_{ij}^{rs})\,(i, j=1, \cdots, n\,;\, r, s=1, \cdots, k)$ は地域技術係数 $a_{ij}^{rs}=\dfrac{x_{is}^{rs}}{x_j^{0s}}$ を要素とする実正方行列である．

他方，Moses-Chenery 型の投入産出モデルは，Bon (1977, 1984 ; pp. 794-796) の列係数モデル[5)]とまったく同一であるが，これを表すために，以下

3) Isard (1951) 参照．Isard 型は，第 g 地域における第 i 産業と第 r 地域第 j 産業間の取引をすべて把握可能とするモデルである．

4) Chenery-Moses 型モデルともいわれる．Chenery (1956), Moses (1955) 参照．Moses-Chenery 型では，第 g 地域と第 r 地域の交易係数を，第 r 地域の移入中，第 g 地域からの移入の占める割合として定義する．Isard 型，Moses-Chenery 型等の多地域投入産出モデルに関しては，井原 (1996)，藤川 (1999) に詳しい．

5) 列係数モデルは，第 g 地域と第 r 地域間の交易係数を，第 g 地域の移出に対する第

の2種類の係数を導入しよう．

$$t_i^{rs}=\frac{x_i^{rs}}{x_j^{0s}},\qquad a_{ij}^s=\frac{x_{ij}^{0s}}{x_j^{0s}}\qquad (i,j=1,\cdots,n\,;\,r,s=1,\cdots,k)$$

なお，t_i^{rs}，a_{ij}^s[6]は，それぞれ地域交易係数，地域技術係数（厳密にはMoses-Chenery型の地域技術係数）と呼ばれる．これらを用いて，Moses-Chenery型の投入産出モデルは，

(2-37) $$(\boldsymbol{I}-\boldsymbol{T}\hat{\boldsymbol{A}})\boldsymbol{X}=\boldsymbol{T}\boldsymbol{F}$$

で表される．ただし，

$$\boldsymbol{T}=\begin{pmatrix}\boldsymbol{T}^{11} & \boldsymbol{T}^{12} & \cdots & \boldsymbol{T}^{1k}\\ \boldsymbol{T}^{21} & \boldsymbol{T}^{22} & \cdots & \boldsymbol{T}^{2k}\\ \vdots & \vdots & \ddots & \vdots\\ \boldsymbol{T}^{k1} & \boldsymbol{T}^{k2} & \cdots & \boldsymbol{T}^{kk}\end{pmatrix},\qquad \boldsymbol{T}^{rs}=\begin{pmatrix}t_1^{rs} & & & \mathbf{0}\\ & t_2^{rs} & & \\ & & \ddots & \\ \mathbf{0} & & & t_n^{rs}\end{pmatrix},$$

$$\hat{\boldsymbol{A}}=\begin{pmatrix}\boldsymbol{A}^1 & & & \mathbf{0}\\ & \boldsymbol{A}^2 & & \\ & & \ddots & \\ \mathbf{0} & & & \boldsymbol{A}^k\end{pmatrix},\qquad \boldsymbol{A}^s=\begin{pmatrix}a_{11}^s & a_{12}^s & \cdots & a_{1n}^s\\ a_{21}^s & a_{22}^s & \cdots & a_{2n}^s\\ \vdots & \vdots & \ddots & \vdots\\ a_{n1}^s & a_{n2}^s & \cdots & a_{nn}^s\end{pmatrix},$$

a_{ij}^{rs}，a_{ij}^sおよびa_{ij}^{0s}の定義から，ただちに，

$$a_{ij}^s=\frac{x_{ij}^{0s}}{x_j^{0s}}=\frac{\sum_{r=1}^k x_{ij}^{rs}}{x_j^{0s}}=\frac{\sum_{r=1}^k a_{ij}^{rs}x_j^{0s}}{x_j^{0s}}=\sum_{r=1}^k a_{ij}^{rs}$$

を得る．これはさらに，Moses-Chenery型の各列和がIsard型の対応する列和に一致することを保証する．事実，単純計算により，以下が示される．

$$\begin{aligned}\sum_{r=1}^k\sum_{i=1}^n t_i^{rs}a_{ij}^s&=\sum_{r=1}^k\sum_{i=1}^n t_i^{rs}\left(\sum_{h=1}^k a_{ij}^{hs}\right)\\&=\sum_{i=1}^n\left(\sum_{h=1}^k a_{ij}^{hs}\right)\sum_{r=1}^k t_i^{rs}\\&=\sum_{i=1}^n\left(\sum_{r=1}^k a_{ij}^{rs}\right)\qquad\left[\cdots\text{定義により，}\sum_{r=1}^k t_i^{rs}=1\right.\end{aligned}$$

---

r地域への移出と定める．

6）第s地域の第j部門がその生産物1単位を生産するために，第i部門の生産物をどれだけ要しているかを表す．

$$= \sum_{r=1}^{k} \sum_{i=1}^{n} a_{ij}^{rs}.$$

ゆえに，Isard 型が Solow 条件 (Solow (1952))[7] を満たすならば，Moses-Chenery 型も同様であり，逆もまた真である．したがって，Moses-Chenery 型の各列和が 1 より小さいと仮定すれば，$(\boldsymbol{I}-\boldsymbol{T}\hat{\boldsymbol{A}})$ と $(\boldsymbol{I}-\boldsymbol{A}^*)$ は M 行列となる．今，第 r 地域に位置する第 i 産業を第 $((r-1)n+i)$ 産業と番号を付け替えよう．そのとき，第 3 節と第 4 節で確立された結果は，$(\boldsymbol{I}-\boldsymbol{A}^*)$ と $(\boldsymbol{I}-\boldsymbol{T}\hat{\boldsymbol{A}})$ が M 行列であると仮定すれば，Isard 型と Moses-Chenery 型の多地域投入産出モデルに拡張される．

2.7 結　び

本章では，ある産業の最終需要を削減し，それによって賄われる資金を他の産業に補助金として付与する政策が，均衡産出に及ぼす効果を検討した (第 3 節)．補助金の利用方法のうち，第 1 のタイプには，さして興味を抱けないかもしれない．これは主に，産出が価格とは独立に決定されるという Leontief 体系の特徴に起因している．しかしながら，Atsumi (1985) が示したように，投入産出モデルの枠組みは，最終需要，それゆえ，産出が価格に依存するときでさえ，外生的変化から生ずる全体的な変化を分析するのに有効である．したがって，本章で扱った最初のタイプの補助金の分析が，初歩的な段階にあることは認めざるを得ない．また，最終需要の変化がもたらす波及効果や，あるいは，補助金によって生じる価格変化が誘発する技術係数の変化は，今後の課題である．

第 2 のタイプの補助金に関しては，研究開発に関する動学過程を現行モデルに導入した場合が興味深く，いずれ，検討されるべき問題である．

さらに，リサイクル活動の取り扱いに若干触れておく．もし，リサイクル

7) 宮沢 (2002)，津野 (2001) 参照．特に，Solow 条件の数学的証明は，古屋 (1970)，谷山 (1998) に詳しい．

ル製品がもとの製品と異なると考えられるならば（たとえば，リサイクリング紙は木から直接作られた紙とは異質である），リサイクリング部門は通常の1部門として認められる．これとは逆に，リサイクルされた財がもとの財と同じものであるならば，あるいは，それらが互いに非常に緊密な代替関係にあるならば，浄化部門の1部門，たとえば，第k部門は，リサイクル活動と浄化活動の双方に携わっていくことであろう．換言すれば，第k部門は，結合生産の条件の下で活動することとなる．この状況をLeontief体系の基本的仮定である単一生産の仮定と合致させるためには，リサイクルされる財はこの部門の負の投入として扱われなければならない．したがって，部分行列$\boldsymbol{A}_{\mathrm{I\,II}}$に負の要素が表れる可能性が生じ，それゆえ，$[(\boldsymbol{I}-\boldsymbol{A})^{-1}] \geqq [\boldsymbol{0}]$を保証する何らかの条件が必要とされるかもしれない．

また，第4節では，環境規制があまりに厳しいために，最終需要を再分配することなしには汚染処理産業がキャパシティ・リミットを上回る処理をせざるを得ない状況で，規制を保守すべく意図された最終需要の再分配政策がもたらす総産出への効果を検討した．これらを示す際，用いた本章の分析的枠組みは，Metzlerの税-補助金問題の研究で用いられた分析的枠組みに依拠している．しかしながら，Metzler (1951)，Allen (1972)，Atumi (1981)，Kimura (1983) らによってこれまでなされてきたMetzlerの税-補助金問題の分析は，課税部門や補助金部門をいかに選択するかについては，何ら議論していない．この点に関しては，第5節の議論は，税-補助金問題にも適用可能という意味で，いくばくかの価値が認められよう．

最後に，残された問題を指摘して，本章を終える．第6節では，分析対象とする多地域投入産出モデルを，出現頻度の高いIsard型およびMoses-Chenery型に限定してきた．しかし，現在の結論が，行係数モデルやLeontief-Strout gravity型モデル[8]のような他の多地域投入産出モデルに

8)　交易係数に地域間輸送費を反映させるよう工夫したモデル．たとえば，中山 (1988) では，このモデルの解の非負性を検討し，2地域の場合の十分条件を提示している．

おいては，どの程度保持されるのか，さらにその際，いかなる修正が求められるかは，今後，検討すべき課題である．なぜなら，これら2つのモデルの係数行列がM行列であることを示すには，困難が伴うと推察されるからである．

現在の分析は，暗黙裡に仮定されている技術係数の不変性に基づいている．しかしながら，キャパシティ・リミットが変更され得ない期間でさえ，技術係数は変化するかもしれない．実際，ある種の具現化されない技術進歩，たとえば，生産ラインの作業の再編成による小規模の改善等によっても，技術係数は影響されるであろう．近年の，Sonis and Hewings (1995) による "field of influence" における研究の発展は，均衡産出の変化に関する技術係数の変化の効果等を解明するのに有益であろう．

第3章
最適成長と環境制御*)

3.1 はじめに

最近，環境問題が重大事となるにつれて，持続可能な経済成長の概念が注目されるようになってきた.「持続可能な発展」という言葉は，1987年，環境と開発に関する世界委員会（WECD）により，初めて用いられ，その定義は,「現世代が，将来世代の欲求を充足しようとする能力を損なうことなく，自らの欲求を満たす発展」と与えられる. Dasgupta and Heal（1974）は，持続可能な発展という言葉こそ用いなかったものの，持続可能な経済的発展の礎との評価を受けている．その後，環境問題を視野に入れ，Pearce, Markandya and Barbier（1994），天野（2001），Markandya, Harou, Belli and Cistulli（2002）は，持続可能な発展を経済学的に扱い，植田（1996）は，持続可能な発展論を提起している．また，環境経済学も，Dragun and Jakobsson（1997），三橋（1998），Bergh（1999），Onuma（1999），宮沢（2001），柴田（2002），佐和・植田（2002），細江・藤田（2002）らにより急速な発展を遂げた．しかし，その一方で，環境経済学を扱った

*） 本章は，Nakayama and Uekawa（1992；pp. 31-54）に依拠している．上河泰男教授は，旧理論・計量経済学会（現日本経済学会）第18回年次大会（法政大学）における会長講演を終えられて間もなく，1993年10月27日にご逝去された．ここに，ご冥福をお祈りする．

昨今の文献には，その概説や経済的発展への提言が多いのも，また事実である．それゆえ，本章の目的は，持続可能な経済成長の枠組みの中で，環境保全と共存し得る最適成長を理論的に分析することである．

この目的のために，われわれは，新古典派的技術条件の下で操業する2産業から成る経済を想定する．第1産業は，資本と労働サービスを用いて通常の財を生産すると同時に，汚染物質を排出する．汚染物質の一部は自然に浄化されるとしても，汚染を未処理のまま放置すれば，蓄積された汚染物質は，深刻な環境破壊を招くに違いない．この状況を回避するためには，汚染物質の排出に対する厳しい規制が要求されよう．しかしながら，単なる汚染規制では，不必要に経済活動水準を押し下げるかもしれない．それゆえ，本章では，汚染物質を浄化する第2産業の存在を仮定するとともに，計画当局が，排出される汚染物質のフローの上限を設定すると想定する．その際，環境破壊をもたらす悪影響に関する知り得る限りの情報や，利用可能な技術に基づき，汚染の許容水準の上限を伸縮的に決定することが望ましいのはいうまでもない．この点に関しては，ファジイ制御を利用して，一旦設定された許容水準の上限を再検討する問題として，次章で考慮される．

なお，本章の議論は，Nakayama and Uekawa (1992) に依拠しているが，そこで扱われた基本モデルは，Uekawa and Ohta (1974) におけるものとほぼ同様である．したがって，本章では，Uekawa and Ohta (1974) の結果を整理・精緻化するとともに，定常解の存在に留意しつつ，当該問題において起こり得るすべての最適成長経路を体系的に記述する．

本章の構成は，次のとおりである．第2節では，環境規制の基本モデルを記述する．第3節では，選択すべき最適成長経路として，第2節で与えられる基本モデルに基づき，将来効用の割引現在価値総和を最大にする資本蓄積を実現する計画を考える．次に，政策当局が排出汚染に課した規制を満足する最適成長経路の性質を記述・証明する．第4節は，位相図を用いて当該問題の最適成長の取り得るパターンを検討する．その際，起こり得るすべてのケースを体系的に分類し，各ケースに応じた位相図を網羅的に描写する．さらに，浄化産業である第2産業の稼動が必要とされる場合とそうでない場合の定常解の関係に言及する．最後に第5節を，今後われわれの検討すべき課題にあてる．

3.2　環境規制の基本モデル

本節では，記号といくつかの仮定を記述した後，基本モデルを提示する．本章および次章を通して，以下に定める記号を使用する．

K_i　：第 i 産業で使われる資本ストック $(i=1,2)$

l_i　：第 i 産業で使われる労働サービス $(i=1,2)$

$F_i(K_i, l_i)$　：第 i 産業の生産関数 $(i=1,2)$

y　：第1産業で生産される財の産出

b　：y の生産により排出される汚染物質

c　：消費

$u(c)$　：代表的消費者の効用関数

議論を進める前に，モデルに関する諸仮定を述べる．

各産業の生産関数は，次の条件にしたがうと仮定する．

[仮定 3-1]　各生産関数は2階連続微分可能で，両要素の投入に関して1次同次である．

[仮定 3-2]　両要素が使われなければ生産は不可能であるという意味で，両要素は生産に不可欠である．

[仮定 3-3]　各産業の生産関数は，限界生産性が正で，収穫逓減の法則にしたがう．すなわち，すべての (K_i, l_i) に対して，

(3-1-1) $$\frac{\partial F_i}{\partial K_i}(=f_i')>0 \quad \text{かつ} \quad \frac{\partial F_i}{\partial l_i}(=f_i-k_if_i')>0 \qquad (i=1,2)$$

(3-1) および

(3-1-2) $$\frac{\partial^2 F_i}{\partial K_i^2}\left(=\frac{f_i''}{l_i}\right)<0 \quad \text{かつ} \quad \frac{\partial^2 F_i}{\partial l_i^2}<0 \qquad (i=1,2)$$

ここで，$f_i'=\dfrac{\partial f_i}{\partial k_i}$，$f_i''=\dfrac{\partial\left(\dfrac{\partial f_i}{\partial k_i}\right)}{\partial k_i}=\dfrac{\partial f_i'}{\partial k_i}$ および $k_i=\dfrac{K_i}{l_i}$ $(i=1,2)$.

さらに，

(3-2) $$F_i(K_i,l_i)=l_if_i(k_i),$$

(3-3)

(3-3-1) $$\lim_{k_i\to 0} f_i(k_i)=0 \quad \text{かつ} \quad \lim_{k_i\to\infty} f_i(k_i)=\infty,$$

(3-3-2) $$\lim_{k_i\to 0} f_i'(k_i)=\infty \quad \text{かつ} \quad \lim_{k_i\to\infty} f_i'(k_i)=0$$[1],

(3-3-3) 任意の $k_i \geqq 0$ に対して，$f_i'(k_i)>0$,

(3-3-4) 任意の $k_i \geqq 0$ に対して，$f_i''(k_i)<0$.

また，消費者の嗜好は，以下の条件を満足する効用関数によって表されると仮定する.

[仮定 3-4] 効用関数は 2 階連続微分可能である.

[仮定 3-5] 何も消費されないならば，消費者は何ら効用を得ない.

[仮定 3-6] 限界効用逓減の法則が成立する.

(3-4)

(3-4-1) $$\lim_{c\to 0}(c)=0,$$

(3-4-2) $$\lim_{c\to 0}u'(c)=\infty,$$

(3-4-3) 任意の $c \geqq 0$ に対して，$u'(c)>0$,

(3-4-4) 任意の $c \geqq 0$ に対して，$u''(c)<0$.

1) いわゆる，Inada 条件である．たとえば，Anderson and Moene (1993 ; p. 6) 参照.

次に，われわれの分析的枠組みを特徴付ける仮定を列挙する．

[仮定 3-7]　労働供給は時間にかかわらず固定的とする．それゆえ，適当な単位を選んで $l=1$ と置く．

[仮定 3-8]　汚染物質は第1産業から，その生産の一定割合 $=\alpha(>0)$ で排出される．したがって，

(3-5)
$$b(t)=\alpha y(t).$$

[仮定 3-9]　排出された汚染物質の未処理量は，計画当局により定められた一定量 ε を超えてはならない．一般に，ε の範囲は制限されないが，ここでは，$\varepsilon \geqq 0$ と仮定する．

[仮定 3-10]　現存する資本ストックは，$\mu>0$ の一定率で減耗する．

以上の仮定に基づき，経済モデルは，(3-6) で与えられる．

(3-6)

(3-6-1)
$$y(t)=F_1(K_1(t),l_1(t)) = l_1(t)f_1(k_1(t)),$$

(3-6-2)
$$b(t)-F_2(K_2(t),l_2(t))=\alpha y(t)-F_2(K_2(t),l_2(t)) = \alpha l_1(t)f_1(k_1(t))-l_2(t)f_2(k_2(t)) \leqq \varepsilon,$$

(3-6-3)
$$l_1(t)+l_2(t) \leqq 1,$$

(3-6-4)
$$K_1(t)+K_2(t) \leqq K(t)=k(t),$$

(3-6-5)
$$c(t) \leqq y(t),$$

(3-6-6)
$$\frac{dk(t)}{dt}=\dot{k}(t) = y(t)-c(t)-\mu k(t) = l_1(t)f_1(k_1(t))-c(t)-\mu k(t).$$

3.3　汚染排出に関する制約下での最適成長

これより，主要議論に移ろう．さて，われわれはどのような成長経路を

選択すべきであろうか．この問題に対する解答としては，政策当局が，(3-6) を制約として，将来効用の割引現在価値総和を最大にするような資本蓄積を実現する計画を求めることが自然であろう．より詳細にいえば，この最適化問題は，形式的には，次のように表される．

(3-7)
$$\text{maxmize}\int_0^\infty u(c(t))\,e^{-\delta t}dt$$
subject to the constraints (3-6).

ただし，δは一定の正の割引率である．

Arrow and Kurz (1970) にしたがって，当面の最大化問題に対応するラグランジュ関数 L(･)，(3-8) を導入する．

(3-8)
$$\begin{aligned}
&\mathrm{L}(K(t), c(t), K_1(t), l_1(t), K_2(t), l_2(t), q(t), p_b(t), w(t), r(t), v(t))\\
&\quad = u(c(t)) + q(t)\{F_1(K_1(t), l_1(t)) - c(t) - \mu K(t)\}\\
&\quad + p_b(t)\{\varepsilon - \alpha F_1(K_1(t), l_1(t)) + F_2(K_2(t), l_2(t))\}\\
&\quad + w(t)\{1 - l_1(t) - l_2(t)\}\\
&\quad + r(t)\{K(t) - K_1(t) - K_2(t)\}\\
&\quad + v(t)\{F_1(K_1(t), l_1(t)) - c(t)\}.
\end{aligned}$$

なお，右辺の最初の二項の和は，Hamilton 関数[2)](Hamiltonian) と呼ばれる．$p_b(t)$，$w(t)$，$r(t)$および$v(t)$は Lagrange 乗数，$q(t)$は補助変数 (co-state variable)，$K(t)$は状態変数 (state variable) である．

Arrow and Kurz (1970; Proposition 7, pp. 48-49) の命題 7 により，最適であるためには，任意の t に対して，制御変数（手段変数，政策変数ともいう：instrument variable) c が (3-6) と $\dot{q}=\delta q-\dfrac{\partial \mathrm{L}}{\partial K}$ にしたがい，Hamilton 関数を最大化する $q(t)$の関数が存在することが必要である．

以上を要約すれば，(3-9) を得る．

(3-9-1) $\quad u'(c)-v-q \leqq 0,\ \ c \geqq 0,\ \ \{u'(c)-v-q\}c=0,$

---

2) Hamiltonian については，たとえば，Takayama (1944; Chapter 9) に詳しい．

$$
(3\text{-}9)\quad
\begin{array}{ll}
(3\text{-}9\text{-}2) & f_1'(k_1)(v+q-\alpha p_b)-r \leqq 0,\ \ K_1 \geqq 0,\\
& \{f_1'(k_1)(v+q-\alpha p_b)-r\}K_1=0,\\
(3\text{-}9\text{-}3) & \{f_1(k_1)-k_1f_1'(k_1)\}(v+q-\alpha p_b)-w \leqq 0,\ \ l_1 \geqq 0,\\
& [\{f_1(k_1)-k_1f_1'(k_1)\}(v+q-\alpha p_b)-w]l_1=0,\\
(3\text{-}9\text{-}4) & p_bf_2'(k_2)-r \leqq 0,\ \ K_2 \geqq 0,\ \ \{p_bf_2'(k_2)-r\}K_2=0,\\
(3\text{-}9\text{-}5) & p_b\{f_2(k_2)-k_2f_2'(k_2)\}-w \leqq 0,\ \ l_2 \geqq 0,\\
& [p_b\{f_2(k_2)-k_2f_2'(k_2)\}-w]l_2=0,\\
(3\text{-}9\text{-}6) & \dot{q}=(\mu+\delta)q-r^{3)},\\
(3\text{-}9\text{-}7) & \varepsilon-\alpha l_1f_1(k_1)+l_2f_2(k_2) \geqq 0,\ \ p_b \geqq 0,\\
& \{\varepsilon-\alpha l_1f_1(k_1)+l_2f_2(k_2)\}p_b=0,\\
(3\text{-}9\text{-}8) & 1-l_1-l_2 \geqq 0,\ \ w \geqq 0,\ \ (1-l_1-l_2)w=0,\\
(3\text{-}9\text{-}9) & K-K_1-K_2 \geqq 0,\ \ r \geqq 0,\ \ (K-K_1-K_2)r=0,\\
(3\text{-}9\text{-}10) & l_1f_1(k_1)-c \geqq 0,\ \ v \geqq 0,\ \ \{l_1f_1(k_1)-c\}v=0.
\end{array}
$$

仮定された条件を利用して，(3-9-6) を除いた (3-9) に関する補助定理を導出する．

[補助定理 3-1]　考え得るすべてのケースで，(i) ～ (iii) が成立する．

(i)　$c>0$,

(ii)　$u'(c)=v+q>0$,

(iii)　$K_1>0$ かつ $l_1>0$.

(証明)

(i) は寧ろ当然であり，(i) と (3-9-1) は，

(ii)
$$u'(c)=v+q>0$$

を意味する．$F_1(K_1, l_1)=l_1f_1(k_1)=y \geqq c>0$ に留意すれば，[仮定 3-2] から，

3)　q は $\dot{q}=\delta q-\dfrac{\partial L}{\partial K}$ を満足するので，単純計算により，(3-9-6) を得る．

(iii) $$K_1 > 0 \text{ かつ } l_1 > 0.$$

さらに，(3-9-2) と (3-9-3) の下では，

(3-10) $$f_1'(k_1)(v+q-\alpha p_b)-r=0$$

および

(3-11) $$\{f_1(k_1)-k_1f_1'(k_1)\}(v+q-\alpha p_b)-w=0$$

が導かれる．

(証明終)

[補助定理 3-2]　もし，$p_b=0$ であれば，$r>0$ および $w>0$．

(証明)　仮定 $p_b=0$ により，(3-9-2) と (3-9-3) は，

(3-12) $$f_1'(k_1)(v+q)=r$$ [⋯(3-10)

かつ

(3-13) $$\{f_1(k_1)-kf_1'(k_1)\}(v+q)=w$$ [⋯(3-11)

と変形される．[補助定理 3-1；(ii)] と (3-1) により，結論は自明である．

(証明終)

[補助定理 3-3]　$p_b>0$ の必要・十分条件は，$K_2>0$ かつ $l_2>0$．

(証明)

(⇐) 仮定により，$K_2>0$ および $l_2>0$．それゆえ，$\{f_2(k_2)-k_2f_2'(k_2)\}$ は，正かつ有限である．また，(3-9-5) は，$l_2>0$ により，

(3-14) $$p_b\{f_2(k_2)-k_2f_2'(k_2)\}=w.$$

よって，$p_b=0$ ならば，$w=0$ となるが，これは，[補助定理 3-2] に矛盾する．したがって，$p_b>0$．

(⇒)　$K_2=0$ または $l_2=0$ と仮定せよ．そのとき，[仮定 3-2] を考慮すれば，$K_2=l_2=0$．(3-9-4) から，

(3-15) $$p_bf_2'(k_2)-r\leqq 0.$$

(3-15) が成立するためには，r は有限ではあり得ない．したがって，$p_b>0$ を仮定すれば，$K_2>0$ および $l_2>0$．

（証明終）

［補助定理 3-4］　もし $p_b>0$ ならば，

(i)　$r>0$ かつ $w>0$,

(ii)　$\dfrac{f_1(k_1)}{f_1'(k_1)}-k_1=\dfrac{f_2(k_2)}{f_2'(k_2)}-k_2$

が成立する．

（証明）$p_b>0$ の下では，［補助定理 3-3］は，$K_2>0$ かつ $l_2>0$ を保証する．このことは，(3-9-4)，(3-9-5) および (3-1-1) により，

(3-16)　$$p_bf_2'(k_2)=r>0$$

および

(3-17)　$$p_b\{f_2(k_2)-k_2f_2'(k_2)\}=w>0$$

を意味する．ゆえに，

(i)　$r>0$ かつ $w>0$．

次に，この (i) と［補助定理 3-1：(iii)］を利用すれば，(3-9-2) と (3-9-3) は，

(3-18)　$$f_1'(k_1)(v+q-\alpha p_b)=r>0$$

および

(3-19)　$$\{f_1(k_1)-k_1f_1'(k_1)\}(v+q-\alpha p_b)=w>0$$

を導く．(3-1-1) により，

(3-20)　$$(v+q-\alpha p_b)>0$$

は明らかである．したがって，(3-16)～(3-19) から，

(ii)　$$\frac{f_1(k_1)}{f_1'(k_1)}-k_1=\frac{f_2(k_2)}{f_2'(k_2)}-k_2$$

を得る．

（証明終）

［補助定理 3-5］　任意の $p_b \geqq 0$ に対して，

(i)　$r > 0$ かつ $w > 0$,

(ii)　$K_1 + K_2 = K$ かつ $l_1 + l_2 = 1$.

特に，もし $p_b = 0$ ならば，

(iii)　$K_1 = K$ および $l_1 = 1$,

(iv)　$0 < r = f_1'(k)u'(c)$.

他方，$p_b > 0$ ならば，

(v)　$0 < r = \dfrac{f_1'(k_1)f_2'(k_2)u'(c)}{\alpha f_1'(k_1) + f_2'(k_2)}$.

（証明）［補助定理 3-2］と［補助定理 3-4；(i)］により，任意の $p_b \geqq 0$ に対して，

(i)
$$r > 0 \text{ かつ } w > 0$$

は明らかである．(i) を (3-9-8) と (3-9-9) に適用すれば，ただちに，

(ii)
$$K_1 + K_2 = K \text{ かつ } l_1 + l_2 = 1.$$

また，［補助定理 3-1］，［仮定 3-2］および［補助定理 3-3］の対偶から，$K_2 = l_2 = 0$ かつそのときにのみ，$p_b = 0$. それゆえ，$p_b = 0$ である限り，

(iii)
$$0 < K_1 = K \text{ かつ } l_1 = 1.$$

さらにそのとき，(3-1-1)，(3-10) と［補助定理 3-1：(ii)］は，

(iv)
$$0 < r = f_1'(k_1)u'(c)$$

を意味する．

他方，もし，$p_b > 0$ ならば，［補助定理 3-3］と［補助定理 3-4；(i)］は，$K_2 > 0$, $l_2 > 0$ かつ $r > 0$ を保証する．したがって，［補助定理 3-1］を利用すれば，(3-9-2) と (3-9-4) は，それぞれ，

(3-21)
$$r = f_1'(k_1)\{u'(c) - \alpha p_b\}$$

および

$$r = p_b f_2'(k_2) \tag{3-22}$$

を導く．(3-21) と (3-22) からを消去すれば，以下が得られる．

(v) $$0 < r = \frac{f_1'(k_1)f_2'(k_2)u'(c)}{\alpha f_1'(k_1)+f_2'(k_2)}.$$ （証明終）

次に，$\bar{k}$ を，

$$\varepsilon = \alpha f_1(\bar{k}) \tag{3-23}$$

を満足するよう定めれば，(3-3) は，$\bar{k}$ が一意的に決定されることを保証する．$f_1'>0$ であるから，$\bar{k}$ は，その値以下では浄化活動が必要とされない k の臨界値であることは明らかである．

この $\bar{k}$ の定義に加え，現時点の消費 c が，現時点の産出 y を決して上回らないこと ((3-6-5)) に注意すれば，動学方程式は，次の4つの範疇に分類される．

[Category 1]　：$k \leqq \bar{k}$　かつ　$y > c$
[Category 2]　：$k \leqq \bar{k}$　かつ　$y = c$
[Category 3]　：$k > \bar{k}$　かつ　$y > c$
[Category 4]　：$k > \bar{k}$　かつ　$y = c$

これら各 Category に関連した命題を，以下に述べよう．

[命題 3-1]　Category 1 および 2 では，$p_b=0$ が成立する．また，それぞれの Category に対応する動学体系は，次に与えられるとおりである．

[Category 1]

(3-24)
(3-24-1)　$\dot{k} = f_1(k) - c - \mu k,$
(3-24-2)　$\dot{q} = \{(\mu+\delta) - f_1'(k)\}q,$
(3-24-3)　$u'(c) = q.$

[Category 2]

$$(3\text{-}25)\quad \begin{array}{ll} (3\text{-}25\text{-}1) & \dot{k} = -\mu k, \\ (3\text{-}25\text{-}2) & \dot{q} = (\mu+\delta)q - f_1'(k)u'(f_1(k)), \\ (3\text{-}25\text{-}3) & u'(c) = v+q. \end{array}$$

（証明） Category 1 および 2 の k の範囲 ($k \leqq \bar{k}$) は，(3-23) と (3-2) から，

$$\varepsilon = \alpha f_1(\bar{k}) \geqq \alpha F_1(K) = \alpha F_1(K_1, 1) \geqq \alpha F_1(K_1, l_1)$$

を意味し，さらに，

$$F_2(K_2, l_2) = 0$$

が成立する．それゆえ，[仮定 3-2] により，

$$K_2 = l_2 = 0.$$

したがって，[補助定理 3-3] の対偶をとれば，

$$p_b = 0$$

を得る．

[Category 1]

[補助定理 3-5；(iii)] により，(3-6-6) は，

$$(3\text{-}24\text{-}1)\qquad \dot{k} = f_1(k) - c - \mu k$$

と変形される．$v>0$ を仮定すれば，(3-9-10) から $l_1 f_1(k_1) - c = 0$．それゆえ，$l_1 f_1(k_1) = y = c$ となるが，これは仮定された $y>c$ に反する．したがって，$v=0$．さらに，[補助定理 3-1；(i)] に留意すれば，(3-9-1) は，

$$(3\text{-}24\text{-}3)\qquad u'(c) = q$$

となる．このことは，[補助定理 3-5；(iv)] と (3-9-6) により，

$$(3\text{-}24\text{-}2)\qquad \dot{q} = \{(\mu+\delta) - f_1'(k)\}q$$

を意味する．

[Category 2]

条件 $y=c$ にしたがい，$y = l_1 f_1(k_1)$ を (3-6-6) の c に代入して，

$$(3\text{-}25\text{-}1)\qquad \dot{k} = -\mu k$$

を得る．$p_b=0$ に留意すれば，［補助定理 3-5；(iii)］が成立し，それゆえ，

$$y=c=f_1(k). \tag{3-26}$$

(3-26) と［補助定理 3-5；(iv)］を利用すれば，(3-9-6) は，

$$\dot{q}=(l+\delta)q-f_1'(k)u'(f_1(k)) \tag{3-25-2}$$

を導く．さらに，［補助定理 3-1；(i)］と (3-9-1) により，

$$u'(c)=v+q \tag{3-25-3}$$

も明らかである．

(証明終)

［命題 3-2］ Category 3 および 4 において，$p_b>0$ かつ短期均衡は (3-27) で表される．

(3-27)

$$\begin{aligned} &(3\text{-}27\text{-}1) \quad l_1k_1+(1-l_1)k_2=k,\\ &(3\text{-}27\text{-}2) \quad \alpha l_1f_1(k_1)-(1-l_1)f_2(k_2)=\varepsilon,\\ &(3\text{-}27\text{-}3) \quad \frac{f_1(k_1)}{f_1'}-k_1=\frac{f_2(k_2)}{f_2'(k_2)}-k_2. \end{aligned}$$

そのとき，これらの Category に関連する動学方程式は，それぞれ (3-28)，(3-29) で与えられる．

［Category 3］

(3-28)

$$\begin{aligned} &(3\text{-}28\text{-}1) \quad \dot{k}=l_1f_1(k_1)-c-\mu k,\\ &(3\text{-}28\text{-}2) \quad \dot{q}=\left\{(\mu+\delta)-\frac{f_1'(k_1)f_2'(k_2)}{\alpha f_1'(k_1)+f_2'(k_2)}\right\}q,\\ &(3\text{-}28\text{-}3) \quad u'(c)=q. \end{aligned}$$

［Category 4］

(3-29)

$$\begin{aligned} &(3\text{-}29\text{-}1) \quad \dot{k}=-\mu k,\\ &(3\text{-}29\text{-}2) \quad \dot{q}=(\mu+\delta)q-\frac{f_1'(k_1)f_2'(k_2)u'(l_1f_1(k_1))}{\alpha f_1'(k_1)+f_2'(k_2)},\\ &(3\text{-}29\text{-}3) \quad u'(c)=v+q. \end{aligned}$$

(証明) 背理法により，$p_b=0$ と仮定する．そのとき，［補助定理 3-5；

(iii)] から，$K_1=k_1=k$ かつ $l_1=1$ であり，これらは，

$$\varepsilon = \alpha f_1(\bar{k}) < \alpha f_1(k) = \alpha l_1 f_1(k_1)$$

を意味する．したがって，排出される汚染物質は，許容水準を超過する．それゆえ，

$$F_2(K_2, l_2) > 0.$$

これは，[仮定 3-2] により，$K_2>0$ かつ $l_2>0$ を意味するから，[補助定理 3-3] は $p_b>0$ を保証する．したがって，[補助定理 3-4]，[補助定理 3-5；(i)，(ii)] および (3-9-7) から，短期均衡，

(3-27)

(3-27-1) $$l_1k_1+(1-l_1)k_2 = k,$$

(3-27-2) $$al_1f_1(k_1)+(1-l_1)f_2(k_2) = \varepsilon,$$

(3-27-3) $$\frac{f_1(k_1)}{f_1'(k_1)}-k_1 = \frac{f_2(k_2)}{f_2'(k_2)}-k_2$$

を得る．

[Category 3]

$y>c$ は，(3-9-10) とともに，$v=0$ を意味するから，[補助定理 3-1；(i)] により，

(3-28-3) $$u'(c) = q.$$

これを [補助定理 3-5；(v)] に代入し，(3-6-6) と (3-9-6) を整理すれば，この Category の動学方程式は，(3-28) で表される．

(3-28-1) $$\dot{k} = l_1f_1(k_1)-c-\mu k$$

(3-28) および

(3-28-2) $$\dot{q} = \left\{(\mu+\delta)-\frac{f_1'(k_1)f_2'(k_2)}{\alpha f_1'(k_1)+f_2'(k_2)}\right\}q.$$

[Category 4]

$y=c$ であるから，(3-6-6) と [補助定理 3-6；(v)] は，次のように書き改められる．

(3-29-1) $$\dot{k} = -\mu k$$

および

$$r = \frac{f_1'(k_1) f_2'(k_2) u'(l_1 f_1(k_1))}{\alpha f_1'(k_1) + f_2'(k_2)}.$$

それゆえ，q の行動は，

$$\dot{q} = (\mu + \delta) q - \frac{f_1'(k_1) f_2'(k_2) u'(l_1 f_1(k_1))}{\alpha f_1'(k_1) + f_2'(k_2)} \tag{3-29-2}$$

で与えられる．さらに，

$$u'(c) = v + q. \tag{3-29-3}$$

この場合には，v は必ずしも 0 ではない．

（証明終）

［命題 3-3］　各 Category を特徴付ける体系に関連する (k, q) の集合は，以下のように表現される．

(3-30)

(3-30-1)　**［Category 1］**　：$S_1 = \{(k, q) \,|\, k \leqq \bar{k} \ and \ q > u'(f_1(k))\}$

(3-30-2)　**［Category 2］**　：$S_2 = \{(k, q) \,|\, k \leqq \bar{k} \ and \ q \leqq u'(f_1(k))\}$

(3-30-3)　**［Category 3］**　：$S_3 = \{(k, q) \,|\, k > \bar{k} \ and \ q > u'(l_1 f_1(k))\}$

(3-30-4)　**［Category 4］**　：$S_4 = \{(k, q) \,|\, k > \bar{k} \ and \ q \leqq u'(l_1 f_1(k))\}$

（証明）　それぞれの集合を定義する不等式の対のうち，最初の k に関する不等式は，明白である．よって，第2番目の q に関する不等式に議論を限定する．さらに，Category 1 と 2 の証明は，Category 3 と 4 の証明と本質的に同じであるから，Category 3 および 4 における第2番目の q に関する不等式のみを証明する．

まず，Category 3 では，$q > u'(l_1 f_1(k_1))$ ならば，かつそのときに限り $y > c$ であることを示す．$y > c$ とすれば，$v = 0$．したがって，$u'(c) = q > u'(y) = u'(l_1 f_1(k_1))$．

この逆の含意を示すため，$y = c$ および $q > u'(l_1 f_1(k_1))$ と仮定すれば，ただちに自己矛盾，$u'(c) = v + q = u'(y) = u'(l_1 f_1(k_1)) < q$ を得る．

次に，Category 4 において，$q \leqq u'(l_1 f_1(k_1))$ であるための必要・十分条

件が$y=c$であることを証明する．$y=c$は，$v+q=u'(c)=u'(y)=u'(l_1f_1(k_1))$を意味する．$v\geqq 0$を考慮すれば，$q\leqq u'(l_1f_1(k_1))$を得る．

最後に，残された部分を背理法で示すため，$y>c$かつ$q\leqq u'(l_1f_1(k_1))=u'(y)$と仮定する．しかしながら，$q=u'(c)>u'(y)=u'(l_1f_1(k_1))$．これは，明らかに自己矛盾である．

（証明終）

さて，$\dot{k}=\dot{q}=0$で定義される定常状態に注目しよう．本章で扱うモデルでは，存在するとすれば2つの定常状態――1つはCategory 1に，もう1つはCategory 3にある――が存在する．前者を(k^*, q^*)，後者を(k^{**}, q^{**})で表すこととする．

そこで，まず，Category 1を検討する．(3-24-1) から，もし，$f_1(k)-\mu k\geqq c(<c)$ であれば，かつそのときに限り，$\dot{k}\geqq 0(<0)$．また，(3-24-3) は，$u'(c)$がcに関して逓減するという仮定とともに，$q\geqq(<)u'(f_1(k)-\mu k)$を意味する．定常状態に関する命題を以下に掲げる4)．

［命題3-4］

Category 1において，$\dot{k}=0$となる$q=u'(f_1(k)-\mu k)$のグラフの上方（下方）で，$\dot{k}>0(\dot{k}<0)$．

定常状態の定義と上記命題から，(k^*, q^*)は，明らかに，

(3-31) $f_1'(k)+\mu+\delta$ ［…(3-24-2)，$\dot{q}=0$

および

(3-32) $q=u'(f_1(k)-\mu k)$ ［…$\dot{k}=0$，(3-24-1)，(3-24-3)

の解である．$f_1(\cdot)$ の仮定された性質は，(3-31) を満足するk^*が一意的に存在することを保証する．k^*を (3-32) に代入すれば，qの定常状態の

4) 明らかに，前者の不等式は後者を意味する．その逆は，考慮中のケースが，網羅的かつ互いに排他的であるという事実から，当然の帰結である．

値 q^* を得る．

この定常状態が，正の消費を保証することは，注意すべきである．

次に，Category 3 および 4 に目を向けよう．[命題 3-2] で既に示したように，Category 3 および 4 での短期均衡条件は，(3-27) で与えられる．ゆえに，l_1，k_1，k_2 に関する (3-27) の Jacobian（もしくは，Jacobi 行列）は，

$$\begin{bmatrix} -(\alpha f_1+f_2) & -\alpha l_1 f_1' & (1-l_1)f_2' \\ (k_1-k_2) & l_1 & (1-l_1) \\ 0 & \dfrac{f_1 f_1''}{(f_1')^2} & -\dfrac{f_2 f_2''}{(f_2')^2} \end{bmatrix}$$

と求められる．なお，以降では，この行列を $\boldsymbol{A}$ と記す．よって，直接計算により，

(3-33)　$\det \boldsymbol{A} =$

$$\frac{l_1(f_1')^2 f_2 f_2''\{\alpha(f_1-k_1f_1')+f_2+\alpha k_2 f_1'\}+(1-l_1)f_1f_1''(f_2')^2\{k_1f_2'+\alpha f_1+(f_2-k_2f_2')\}}{(f_1')^2(f_2')^2}<0$$

を得る．

したがって，l_1，k_2 および k_2 の短期均衡における値は，

(3-34-1)　$l_1 = l_1(k\,;\,\varepsilon, \alpha)$

(3-34)　および

(3-34-2)　$k_i = k_i(k\,;\,\varepsilon, \alpha)$　$(i=1,2)$

と表すのが本来であるが，当面の間は，記述の簡略化のため，ε と α を省略する．

Category 1 と同様の議論により，次の命題が示される．

[命題 3-5]　Category 3 において，$\dot{k}=0$ となる $q=u'(l_1(k)f_1(k_1(k))-\mu k)$ のグラフの上方（下方）の領域で $\dot{k}>0(\dot{k}<0)$．

(3-34) に注意して，(3-27) の両辺を k で偏微分すれば，

(3-35) $$\boldsymbol{A}\begin{bmatrix} \dfrac{\partial l_1}{\partial k} \\ \dfrac{\partial k_1}{\partial k} \\ \dfrac{\partial k_2}{\partial k} \end{bmatrix} = \begin{bmatrix} 0 \\ 1 \\ 0 \end{bmatrix}.$$

それゆえ，

(3-36-1) $$\frac{\partial l_1}{\partial k} = \frac{f_1 f_1''(f_2')^3 - l_1 f_1 f_1''(f_2')^3 - \alpha l_1 (f_1')^3 f_2 f_2''}{(f_1')^2 (f_2')^2 \det \boldsymbol{A}}$$

(3-36) および

(3-36-2) $$\frac{\partial k_i}{\partial k} = \frac{(\alpha f_1 + f_2) f_j f_j''}{(f_j')^2 \det \boldsymbol{A}} > 0 \qquad (i = 1, 2\,;\, j \neq i)$$

が成立する．Category 3 の定常状態は，

(3-37) $$q = u'(l_1(k) f_1(k_1(k)) - \mu k) \quad [\cdots\ (3\text{-}28\text{-}1),\ (3\text{-}28\text{-}3)$$

および

(3-38) $$\mu + \delta = \frac{f_1'(k_1(k)) f_2'(k_2(k))}{\alpha f_1'(k_1(k)) + f_2'(k_2(k))} \qquad [\cdots (3\text{-}28\text{-}2)$$

の解(k^{**}, q^{**})として求められ，(3-36) は，[命題 3-5] とともに，この(k^{**}, q^{**})を見つける際に有益である．(3-38) の右辺 $=\eta(k)$と定め，(3-36) を利用すれば，

(3-39) $$\frac{\partial \eta}{\partial k} = \frac{(\alpha f_1 + f_2)^2 f_1'' f_2''}{(\alpha f_1' + f_2')^2 \det \boldsymbol{A}} < 0$$

が導かれる．また，[補助定理 3-3] と (3-3-2) を考慮すれば，

(3-40) $$\lim_{+k \to \bar{k}} \eta(k) = f_1'(\bar{k}),$$

および

(3-41) $$\lim_{k \to \infty} \eta(k) = 0$$

を得る．$\eta(k)$の性質は，点$(\bar{k}, f_1'(\bar{k}))$から出発する $\eta(k)$のグラフがいたるところで負の傾きを持ち，k が無限大に近づくにつれて横軸に接近することを意味する．それゆえ，(3-38) は，$f_1'(\bar{k})\mu + \delta$ が成立するとき，かつそのときに限り，k^{**} が一意の解を持つことを意味する．(3-37) で，k を

k^{**} と取れば,

(3-42) $$q^{**} = u'(l_1(k^{**})f_1(k_1(k^{**})) - \mu k^{**}).$$

さらに, Category 3 における定常状態 (k^{**}, q^{**}) は, 存在するとすれば, 鞍点の性質を持つ. これを示すために, $\boldsymbol{J}$ を (k^{**}, q^{**}) で評価した (3-28-1) および (3-28-2) の Jacobian と定義する. そのとき, $\boldsymbol{J}$ の固有方程式は,

(3-43) $$\det(\lambda \boldsymbol{I} - \boldsymbol{J}) = \lambda^2 - (\boldsymbol{J}_{11} + \boldsymbol{J}_{22})\lambda + \det \boldsymbol{J} = 0$$[5)]

と表される. $\boldsymbol{J}_{12} = -\dfrac{1}{u''} > 0$ と $\boldsymbol{J}_{21} = -\dfrac{(\alpha f_1 + f_2)^2 f_1'' f_2'' q}{(\alpha f_1' + f_2')^2 \det \boldsymbol{A}} > 0$ に注意すれば, $\boldsymbol{J}$ は $\boldsymbol{J}_{22} = 0$ を持つ, 分解不能な Metzler 行列である. なお, Metzler 行列とは, 非対角要素が非負である実正方行列である. したがって, (3-43) は逆符号を取る2つの相異なる実根を持つ.

同様に, Category 1 の定常状態 (k^*, q^*) は, それがもし存在するならば, 鞍点[6)] となることが示される.

3.4　最適成長の位相図による説明

本節では, 位相図を用いて, 可能な最適経路のパターンを検討するが, 先に, 図の描写に必要な予備的分析を行う.

最初に, Category 1 および 2 を考察対象とする. $\boldsymbol{S}_1$ と $\boldsymbol{S}_2$ を分離する境界は,

(3-44) $$q = u'(f_1(k))$$

によって, 与えられる. また, この軌跡上では,

(3-45) $$\frac{dp}{dk} = u'' f_1' < 0. \qquad [\cdots\cdots(3\text{-}1),\ (3\text{-}4)$$

Category 1 に注目しよう. $q > 0$ であるから, $f_1'(k^*) = \mu + \delta$ であれば, かつそのときに限り, $\dot{q} = \{(\mu + \delta) - f_1'(k)\}q = 0$. (3-3) を考慮すれば, k^*

---

5)　$\boldsymbol{J}_{11} = \{(1 - l_1) f_1^2 f_1'' (f_2')^3 + l_1 (f_1')^3 f_2^2 f_2''\} / \{(f_1')^2 (f_2')^2 \det A\} - \mu.$

6)　このケースでは, $\boldsymbol{J}_{11} = f_1' \mu$, $\boldsymbol{J}_{12} = -\dfrac{1}{u''} > 0$, $\boldsymbol{J}_{21} = -f_1'' q > 0$ および $\boldsymbol{J}_{22} = 0$.

の右方（左方）で $\dot{q}>0(\dot{q}<0)$ となる．一方，(3-24-1) より，$\dot{k}=0$ の軌跡は，

(3-32) $$q=\mu'(f_1(k)-\mu k)$$

で表される．それゆえ，(3-32) の傾きは，

(3-46) $$\left.\frac{dq}{dk}\right|_{\dot{k}=0}=u''(f_1'-\mu)$$

となる．k_μ を，

(3-47) $$f_1'(k_\mu)=\mu$$

を満たす k と定めよう．u'' と f_1'' はともに負であるから，もし，$k<k_\mu(k>k_\mu)$ であれば，

$$\left.\frac{dq}{dk}\right|_{\dot{k}=0}=u''(f_1'-\mu)<0\left(\left.\frac{dq}{dk}\right|_{\dot{k}=0}>0\right)$$

であることは明らかである．加えて，(3-3-3) と (3-3-4) は，

(3-48) $$k^*<k_\mu$$

を保証する．しかしながら，不幸にして，$\bar{k}$ が k_μ を超えるか否かについては，明確な判断はできない．そこで，(3-44) と (3-32) を比較すれば，ただちに，

(3-49) $$u'(f_1(k))<u'(f_1(k)-\mu k)$$

を得る．

Category 2 では，明らかに，

(3-29-1) $$\dot{k}=-\mu k<0.$$

(3-25-2) で，$\dot{q}=0$ と置けば，

(3-50) $$q=\frac{u'(f_1(k))f_1'(k)}{\mu+\delta}$$

が導かれる．ゆえに，(3-50) の軌跡より上方（下方）で $\dot{q}>0(\dot{q}<0)$．さらに，直接計算から，

(3-51) $$\left.\frac{dq}{dk}\right|_{\dot{q}=0}=\frac{u''(f_1')^2+u'f_1''}{\mu+\delta}<0.$$

(3-45) から (3-51) を差し引けば，

$$(3\text{-}52)\qquad \frac{dq}{dk}-\left.\frac{dq}{dk}\right|_{\dot{q}=0}=\frac{u''f_1'\{(\mu+\delta)-f_1'\}-u'f_1''}{\mu+\delta}$$

を得る．したがって，(3-52) の符号は不確定であるが，k^* が Category 1 に存在すれば，境界は $\dot{q}=0$ の上方に位置する．

残された Category 3 および 4 の検討に移ろう．$\boldsymbol{S}_3$ および $\boldsymbol{S}_4$ の境界は，

$$(3\text{-}53)\qquad q=u'(l_1(k)f_1(k_1(k)))$$

で与えられ，(3-53) と (3-36) から，

$$(3\text{-}54)\qquad \frac{\partial q}{\partial k}=\frac{u''\{(1-l_1)f_1^2f_1''(f_2')^3+l_1(f_1')^3f_2^2f_2''\}}{(f_1')^2(f_2')^2\det \boldsymbol{A}}<0$$

が導かれる．Category 3 に関しては，(3-53) の境界と (3-37) により与えられる $\dot{k}=0$ の軌跡の比較から始めよう．そのとき，両者の大小関係は，

$$(3\text{-}55)\qquad u'(l_1(k)f_1(k_1(k)))<u'(l_1(k)f_1(k_1(k))-\mu k)$$

（任意の $k>\bar{k}$ に対して）

となる．しかし，(3-37) の傾きについては，

$$(3\text{-}56)\qquad \left.\frac{\partial q}{\partial k}\right|_{\dot{k}=0}=\frac{u''\{(1-l_1)f_1^2f_1''(f_2')^3+l_1(f_1')^3f_2^2f_2''\}}{(f_1')^2(f_2')^2\det \boldsymbol{A}}-u''\mu$$

であるから，何ら確定的なことは述べられない．他方，

$$(3\text{-}38)\qquad \mu+\delta=\frac{f_1'(k_1(k))f_2'(k_2(k))}{\alpha f_1'(k_1(k))+f_2'(k_2(k))}$$

が満たされれば，q は定常状態にある．このことは，(3-39) とともに，(3-38) が解 k^{**} を持つと前提して，$k<k^{**}(k>k^{**})$ ならば，$\dot{q}<0(\dot{q}>0)$ を意味する．

Category 4 では，明らかに，

$$(3\text{-}29\text{-}1)\qquad \dot{k}=-\mu k<0.$$

さらに，q が定常状態にある $(\dot{q}=0)$ ためには，

$$(3\text{-}57)\qquad q=\frac{f_1'(k_1(k))f_2'(k_2(k))u'(l_1(k)f_1(k_1(k)))}{\{\alpha f_1'(k_1(k))+f_2'(k_2(k))\}(\mu+\delta)}$$

が求められる．Category 3 で議論したように，(3-57) の軌跡より上方（下方）では $\dot{q}>0(\dot{q}<0)$ である．(3-36) と (3-54) により，(3-57) の傾き

は，

(3-58) $\left.\frac{\partial q}{\partial k}\right|_{\dot{q}=0}=$

$$\frac{f_1''(f_2')^2u'\frac{\partial k_1}{\partial k}+\alpha(f_1')^2f_2''u'\frac{\partial k_2}{\partial k}+f_1'f_2'u''\left(f_1\frac{\partial l_1}{\partial k}+l_1f_1'\frac{\partial k_1}{\partial k}\right)(\alpha f_1'+f_2')}{(\alpha f_1'+f_2')^2(\mu+\delta)}$$

と計算され，負となる．さらに，(3-53) から (3-57) を差し引くことにより，

(3-59)
$$u'(l_1(k)f_1(k_1(k)))-\frac{f_1'(k_1(k))f_2'(k_2(k))u'(l_1(k)f_1(k_1(k)))}{\{\alpha f_1'(k_1(k))+f_2'(k_2(k))\}(\mu+\delta)}$$
$$=u'(l_1(k)f_1(k_1(k)))\left[1-\frac{f_1'(k_1(k))f_2'(k_2(k))}{\{\alpha f_1'(k_1(k))+f_2'(k_2(k))\}(\mu+\delta)}\right]$$

を得る．$\xi(k)$ を，$\frac{f_1'(k_1(k))f_2'(k_2(k))}{\{\alpha f_1'(k_1(k))+f_2'(k_2(k))\}(\mu+\delta)}$ と定義する．そのとき，

(3-60) $$\lim_{k\to k^{**}}\xi(k)=1$$

および

(3-61) $$\lim_{k\to\infty}\xi(k)=0.$$

したがって，$k=k^{**}$ で，(3-53) および (3-57) は $u'(l_1(k^{**})f_1(k_1(k^{**})))$ となり，(3-53) のグラフはすべての $k>k^{**}$ に対して，(3-57) のグラフより上方に位置する．

ここまでは，各 Category を分割して検討してきたが，今後は，すべての Category を統括して議論を進めよう．

まず，(3-44) と (3-53) で与えられる 2 つの境界を調べる．[補助定理 3-5；(v)] により，

(3-62) $$\lim_{k\to+\bar{k}}u'(l_1(k)f_1(k_1(k)))=u'(f_1(\bar{k})).$$

それゆえ，

(3-63) $u'(l_1(k)f_1(k_1(k)))>u'(f_1(\bar{k}))$ (任意の $k>\bar{k}$ に対して)

は明らかである．これで，$\boldsymbol{S}_3$ と $\boldsymbol{S}_4$ の境界は，確かに，$\boldsymbol{S}_1$ と $\boldsymbol{S}_2$ の境界の終点から出発することが示された．

同様に,

(3-64)
$$\lim_{k \to +\bar{k}} u'(l_1(k) f_1(k_1(k)) - \mu k) = u'(f_1(\bar{k}) - \mu k)$$

および

(3-65)
$$u'(l_1(k) f_1(k_1(k)) - \mu k) > u'(f_1(\bar{k}) - \mu k)$$

(任意の $k > \bar{k}$ に対して)

が求められる. (3-64) は, $k = \bar{k}$ で, Category 1 の $\dot{k} = 0$ が Category 3 におけるそれと結合することを意味する.

さて, これまでは, k^*, k^{**} および $\bar{k}$ の比較には何ら言及してこなかったが, 次の定理でその点を明示しよう.

[定理 3-1]

[1]　$k^* < \bar{k}$[7] の必要・十分条件は, $f_1'(\bar{k}) < \mu + \delta$ である.

[2]　$k^* = \bar{k} = k^{**}$ の必要・十分条件は, $f_1'(\bar{k}) = \mu + \delta$ である.

[3]　$\bar{k} < k^{**} < k^*$ の必要・十分条件は, $f_1'(\bar{k}) > \mu + \delta$ である.

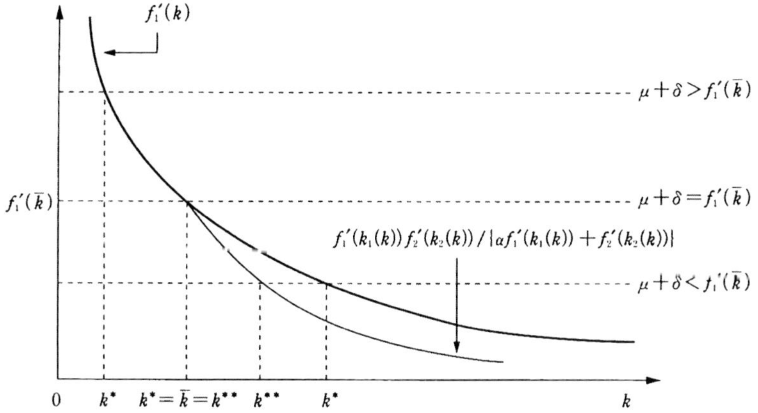

図 3-1

7)　先に示されたように, $f_1'(\bar{k}) \geqq \mu + \delta$ の成立が, k^* の存在するための必要・十分条件であるから, このケースでは, k^{**} は見出されないことに注意すべきである.

(証明)

(⇐) 図 3-1 を眺めれば，結論はただちに明らかである．

(⇒) 結論を否定して，$f_1'(\bar{k}) \geqq \mu+\delta$ とすれば，$f_1'(\bar{k}) \geqq \mu+\delta = f_1'(k^*)$．しかし，これは条件 $k^* < \bar{k}$ に反する．他も本質的には同様である．

(証明終)

上記定理は，Category 1，もしくは Category 3 のいずれか一方が定常状態を持つが，同時に持つことはないことを主張する．より厳密にいえば，Category 1 は $k \leqq \bar{k}$，Category 3 は $k > \bar{k}$ の領域であるから，［定理 3-1］のサブケースである［1］と［2］は Category 1 で，［3］は Category 3 で定常状態を持つ．しかし，各サブケースの q の行動は，現在までに得られた情報だけでは，今もって判断しかねる領域を持つ．

そこで，不明な q の動きを解明するために，まず，サブケース［1］と［2］における Category 3 のの行動を検討から始める．図 3-1 に留意すれば，以下が成立する．

$$
\begin{aligned}
(3\text{-}66)\quad \mu+\delta &\geqq f_1'(\bar{k}) && [\cdots[1],\ [2] \\
&> f_1'(k) \\
&> \frac{f_1'(k_1(k))f_2'(k_2(k))}{\alpha f_1'(k_1(k))+f_2'(k_2(k))}. && (\text{任意の } k > \bar{k} \text{ に対して})
\end{aligned}
$$

それゆえ，

$$
(3\text{-}67)\qquad \dot{q} = \left\{(\mu+\delta) - \frac{f_1'(k_1(k))f_2'(k_2(k))}{\alpha f_1'(k_1(k))+f_2'(k_2(k))}\right\} q > 0
$$

を得る．

続いて，サブケース［3］における Category 1 および 2 の q の行動を検討する．このケースでは，

$$
\mu+\delta < f_1'(\bar{k}) \leqq f_1'(k). \qquad (\text{任意の } k \leqq \bar{k} \text{ に対して})
$$

これを利用して，Category 1 における曲線 $\dot{q}$ は，

$$
(3\text{-}69)\qquad \dot{q} = \{(\mu+\delta) - f_1'(k)\}q
$$

$$< \{f_1'(\bar{k}) - f_1'(k)\}q$$
$$\leqq \{f_1'(k) - f_1'(k)\}q$$
$$= 0.$$

さらに，この場合，$\bar{k} < k^{**} < k^*$ なので，

(3-70) $$f_1'(\bar{k}) > \mu + \delta = f_1'(k^*)$$

が成立する．したがって，Category 2 では，

(3-71) $$\begin{aligned} \dot{q} &= (\mu+\delta)q - u'(f_1(k))f_1'(k) \\ &\leqq (\mu+\delta)q - u'(f_1(k))f_1'(k) \qquad [\because f_1'(k) \geqq f_1'(\bar{k}) \\ &\qquad\qquad (\text{任意の } k \leqq \bar{k} \text{ に対して}) \\ &< (\mu+\delta)q - u'(f_1(k))f_1'(k^*) \\ &= (\mu+\delta)q - u'(f_1(k))(\mu+\delta) \\ &= (\mu+\delta)\{q - u'(f_1(k))\} \\ &\leqq 0. \end{aligned}$$

したがって，[定理 3-1] のおのおののサブケースに対応して，図 3-2，図 3-3 および図 3-4 の位相図がそれぞれ描かれる．

最後に，q の漸近的性質を考察するため，全産出$(=y)$が減耗資本$(=$

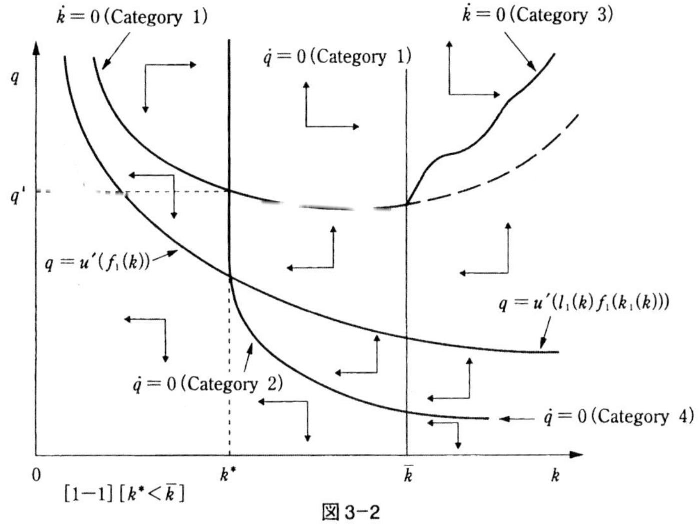

図 3-2

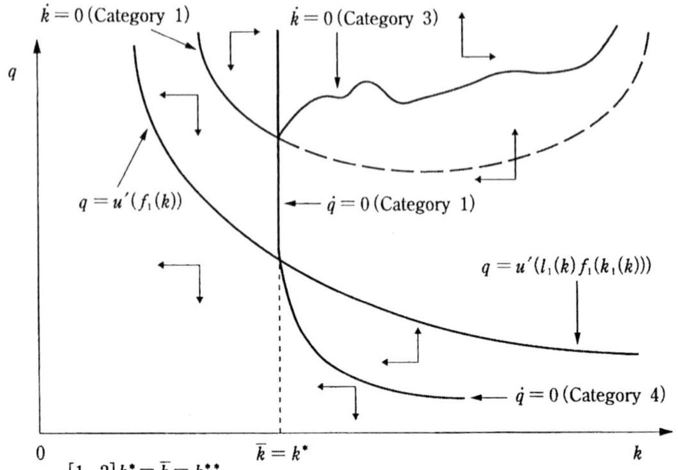

[1−2] $k^*=\bar{k}=k^{**}$

図 3−3

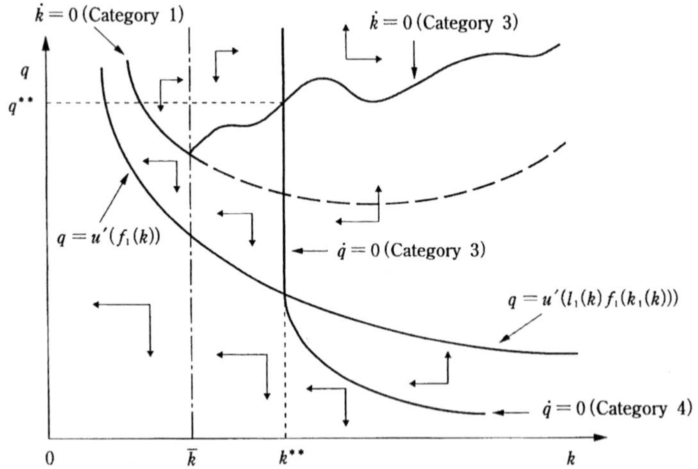

[1−3] [$\bar{k}<k^{**}<k^*$]

図 3−4

μk)の補塡に費やされる可能性を論議する。

前述のように，Category 1 および 3 で $\dot{k}=0$ の軌跡は，それぞれ，

(3-32) $$q = u'(f_1(k) - \mu k) \qquad (k \leqq \bar{k})$$

(3-37) $$q = u'(l_1(k) f_1(k_1(k)) - \mu k) \qquad (k > \bar{k})$$

で与えられる。

Category 1 では，$k=0$ あるいは $k=k^{=} \neq 0$ のとき，ただし $k^{=}$ は $f_1(k^{=}) = \mu k^{=}$[8] で定義されるが，$f_1(k) - \mu k = 0$ である。ここで，われわれの技術に関する新古典派的仮定が，$k^{=}$ の一意的な存在，および，

(3-72) $$k^* < k_\mu < k^{=}$$

の成立を保証する。

Category 3 は，Category 1 とは対照的に，$l_1(k^{==}) f_1(k_1(k^{==})) = \mu k^{==}$ により定義された $k^{==}$ の存在と一意性に関しては，確定的なことは述べられない。この原因は，主に，$\dfrac{\partial^2\{l_1(k) f_1(k_1(k))\}}{\partial k^2}$ の符号が決定できないことに求められる。

しかしながら，これ以降は，$k^{==}$ が一意に存在すると仮定する。そのとき，$k^{==}$ が関連する範囲($k^{==} > \bar{k}$)にある限り，$k^{==}$ は $k^{=}$ を上回らないことに注意しなければならない。それは，すでに観察したように，$l_1(k) f_1(k_1$

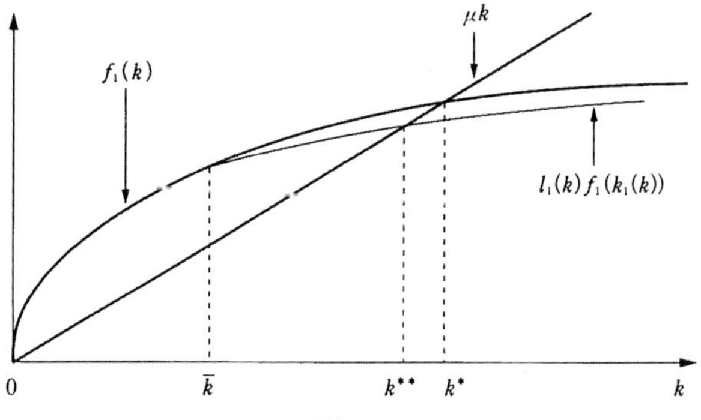

図 3-5

8)　この $k^{=}$ の詳細については，Arrow and Kurz (1970 ; pp. 66-67) を参照。

$(k)) < f_1(k)$が成立し，しかも，$l_1(k)f_1(k_1(k))$はkに関する増加関数である（図3-5）という事実に起因している．もし，$k=0$，$k^{\#}$または$k^{\#\#}$ならば，$c=0$，および$c\to 0$のとき，$u'(c)\to +\infty$により，曲線$\dot{k}=0$は，$k=0$，$k^{\#}$あるいは$k^{\#\#}$における垂線に対して漸近的に描かれることは，明らかである．

これまでなされてきた議論は，いわば位相図を描写するための準備であり，予備的に，起こる得るすべての場合を体系的に分類した．[定理3-1]を用いて，k^{**}が存在するか否かに注目しよう．

もし，k^{**}が存在すれば，再び[定理3-1]により，$\bar{k}<k^{**}<k^{*}$．(3-72)に留意すれば，$\bar{k}<k^{**}<k^{*}<k^{\#}$の成立は，容易に理解される．さらに，$\bar{k}<k^{\#\#}<k^{\#}$を考慮し，$k^{\#\#}$の値に対応して，$k^{**}$が存在するケースを，以下の3つのサブケースに細分化する．

《1》 $\bar{k} < k^{\#\#} < k^{**} < k^{*} < k^{\#}$

《2》 $\bar{k} < k^{**} < k^{\#\#} < k^{*} < k^{\#}$

《3》 $\bar{k} < k^{**} < k^{*} < k^{\#\#} < k^{\#}$

これら3つのサブケースを通じて，もし，kが$k^{\#\#}$より大きければ，Category 3における資本ストックは，常に減耗する．なぜなら，

(3-73)
$$\begin{aligned}\dot{k} &= l_1(k)f_1(k_1(k))-c-\mu k\\ &< l_1(k)f_1(k_1(k))-\mu k\\ &< 0 \qquad (\text{任意}\ k > k^{\#\#}\ \text{に対して})\end{aligned}$$

が成立するからである．ここで，最初の不等式は，[補助定理3-1；(i)]により．第2番目の不等式は，仮定された条件，$k>k^{\#\#}>\bar{k}$から，ただちに導かれる．

したがって，サブケース《1》～《3》までの位相図は，図3-6から図3-8で描かれる．

次に，方程式(3-38)が解を持たない場合を検討する．そのとき，[定理3-1]から，

(3-74)
$$f_1'(\bar{k}) < \mu+\delta$$

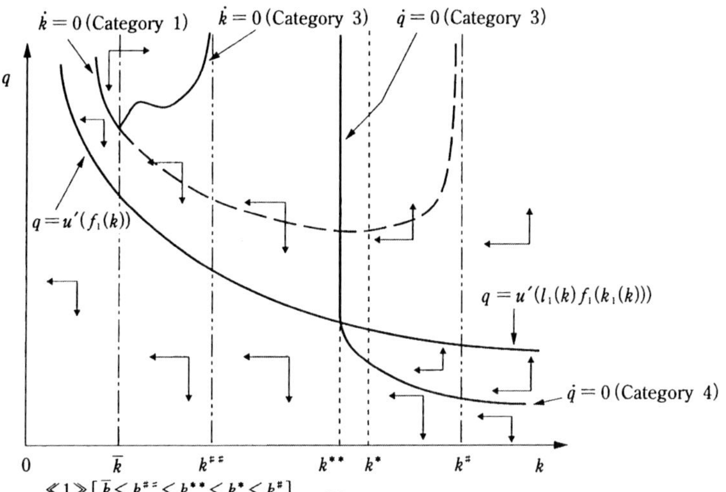

図3-6

を得る．

(3-25-2) および (3-29-2) により，Category 2 における $\dot{q}=0$ の軌跡を Category 4 のそれと比較すると，以下が得られる．

(3-75)
$$\lim_{k\to+\bar{k}}\frac{u'(l_1(k)f_1(k_1(k)))f_1'(k_1(k))f_2'(k_2(k))}{\{\alpha f_1'(k_1(k))+f_2'(k_2(k))\}(\mu+\delta)}$$
$$=\lim_{k\to+\bar{k}}\frac{u'(l_1(k)f_1(k_1(k)))f_1'(k_1(k))}{\left(\dfrac{\alpha f_1'(k_1(k))}{f_2'(k_2(k))}+1\right)(\mu+\delta)}$$
$$=\frac{u'(f_1(k_1(\bar{k})))f_1'(k_1(\bar{k}))}{\mu+\delta}.$$

したがって，2つの軌跡は共通な点 $\left(\bar{k},\dfrac{u'(f_1(\bar{k}))f_1'(\bar{k})}{\mu+\delta}\right)$ を持つことが確認される．

次に，S_3 と S_4 の境界 $q=u'(l_1f_1(\bar{k}))$ と，Category 4 における曲線 $\dot{q}=0$ との関係を考察する．$k=\bar{k}$ においては，(3-74) を利用して，

(3-76)
$$u'(f_1(\bar{k}))>\frac{u'(f_1(\bar{k}))f_1'(\bar{k})}{\mu+\delta}\qquad(k=\bar{k})$$

を得る．もし，$k>\bar{k}$ ならば，(3-30)，(3-29-2) により，

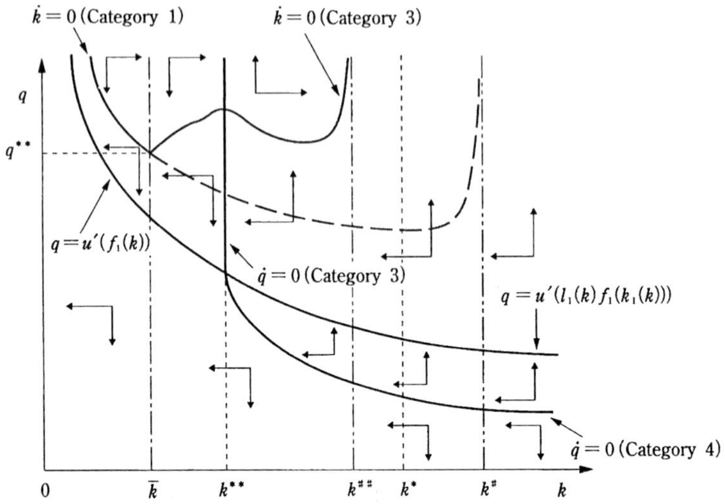

《2》[$\bar{k}<k^{**}<k^{\#\#}<k^{*}<k^{\#}$]

図 3-7

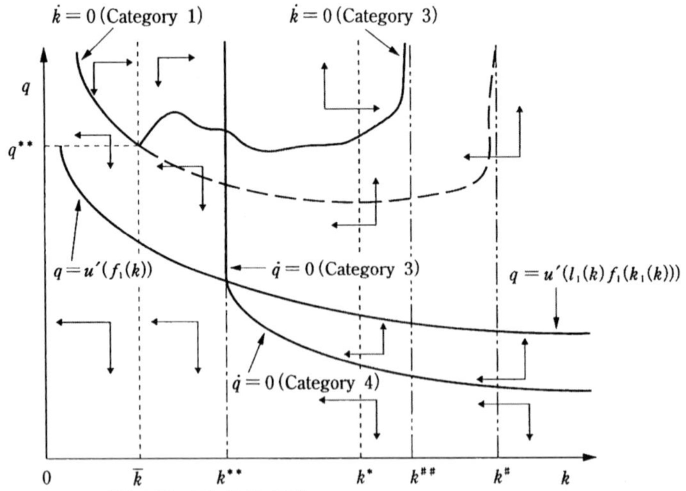

《3》[$\bar{k}<k^{**}<k^{*}<k^{\#\#}<k^{\#}$]

図 3-8

$$(3\text{-}77)\qquad \tau(k) = u'(l_1(k)f_1(k_1(k))) - \frac{u'(l_1(k)f_1(k_1(k)))f_1'(k_1(k))f_2'(k_2(k))}{\{\alpha f_1'(k_1(k)) + f_2'(k_2(k))\}(\mu+\delta)}$$

$$= u'(l_1(k)f_1(k_1(k)))\left\{1 - \frac{f_1'(k_1(k))}{\left(\dfrac{\alpha f_1'(k_1(k))}{f_2'(k_2(k))}+1\right)(\mu+\delta)}\right\}.$$

それゆえ,

$$\tau(k) > 0 \qquad (\text{任意の } k > \bar{k} \text{ に対して})$$

が成立する．したがって，(3-76) と (3-78) は，S_3 および S_4 の境界が，常に，すべての $k \geqq \bar{k}$ に対して，Category 4 の曲線 $\dot{q}=0$ より上部に描かれることを意味する (図3-9)．

［定理3-1］と (3-72) を合わせれば，$k^* \leqq \bar{k}$ および $k^* < k^{\#}$ は真である．それゆえ，$k^{\#} < \bar{k}$ または $\bar{k} < k^{\#}$ に応じて，当面のケースは，さらに，2つの Category に分類される．

《4》　　$k^* < k^{\#} < \bar{k},$

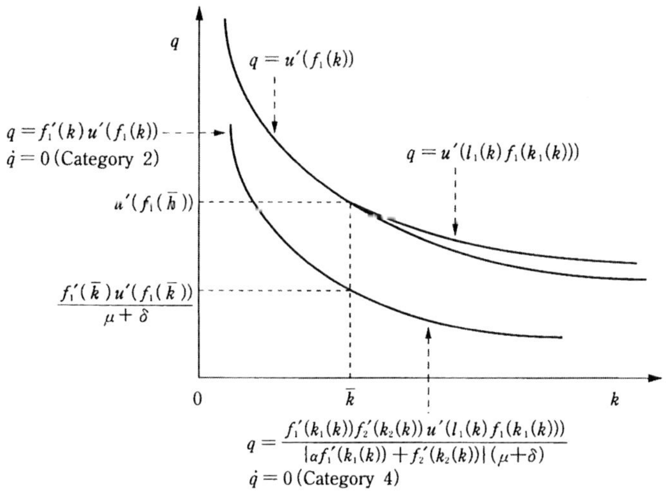

図3-9

《5》 $$k^* \leqq \bar{k} < k^{\#\#} < k^{\#}.$$

ここで，サブケース《5》では，不等式 $\bar{k} < k^{\#\#} < k^{\#}$ が，すでに，考慮されている．

次に，サブケース《4》を，より詳しく検討するために，まず，k の行動を調べよう．Category 2 と Category 4 では，k の動学的行動が $\dot{k} = -\mu k$ によって描かれる．それゆえ，Category 1 および Category 3 においてさえ，$k > k^{\#}$ と仮定するなら，$\dot{k} < 0$ を示せば十分である．

k が区間 $(k^{\#}, \bar{k}]$ にあると仮定する．そのとき，［補助定理 3-1；(i)］より，

(3-79) $$\begin{aligned} \dot{k} &= f_1(k) - c - \mu k \\ &= f_1(k) - \mu k \\ &< 0. \quad （任意の\ k \in (k^{\#}, \bar{k}]\ に対して） \end{aligned}$$

他方，もし，$k > \bar{k}$ であれば，

(3-80) $$\begin{aligned} \dot{k} &= l_1(k) f_1(k_1(k)) - c - \mu k \\ &< l_1(k) f_1(k_1(k)) - \mu k \quad [\because［補助定理\ 3\text{-}1；(i)］ \\ &< f_1(k) - \mu k \quad [\because f_1(k)\ の強凹性 \end{aligned}$$

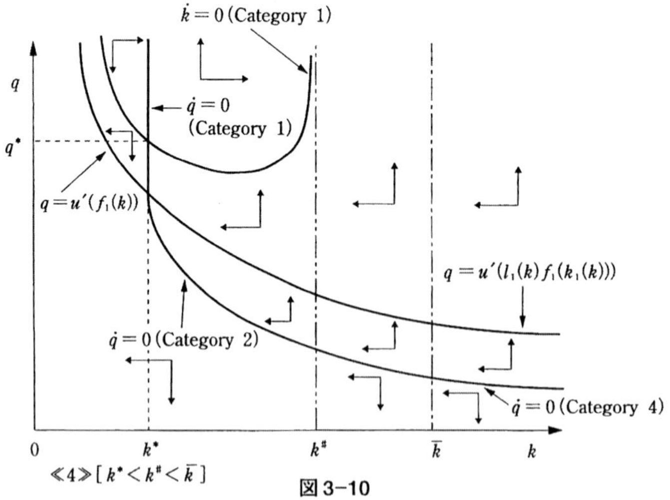

図 3-10

$$< 0. \qquad [\because k > \bar{k} > k^{\#}$$

よって，位相図は，図3-10で与えられる．

サブケース《5》に関しては，サブケース《4》と同様の理由でCategory 3に注目すればよい．もし，$k<k^{\#\#}$であれば，kの行動に付け加えるべきものは何もない．また，$k>k^{\#\#}$の場合には，

(3-81)
$$\begin{aligned}\dot{k} &= l_1(k)f_1(k_1(k)) - c - \mu k \\ &< l_1(k)f_1(k_1(k)) - \mu k \qquad [\because \text{[補助定理 3-1；(i)]} \\ &< 0. \qquad [\because k > k^{\#\#}\end{aligned}$$

さらに，サブケース《4》に類似した議論により，qはCategory 3のいたるところで上昇することがわかる．それゆえ，このサブケースは図3-11で描かれる．

さて，Category 1，Category 3のいずれか一方は定常解を持つが，同時には持ち得ないことは，[定理3-1]で示されたとおりである．本節の最後に，この経済的含意に付言しておこう．第1産業への資本を高めれば，1人あたりの生産力が高まるのは明らかであるが，資本を高めれば，環境規

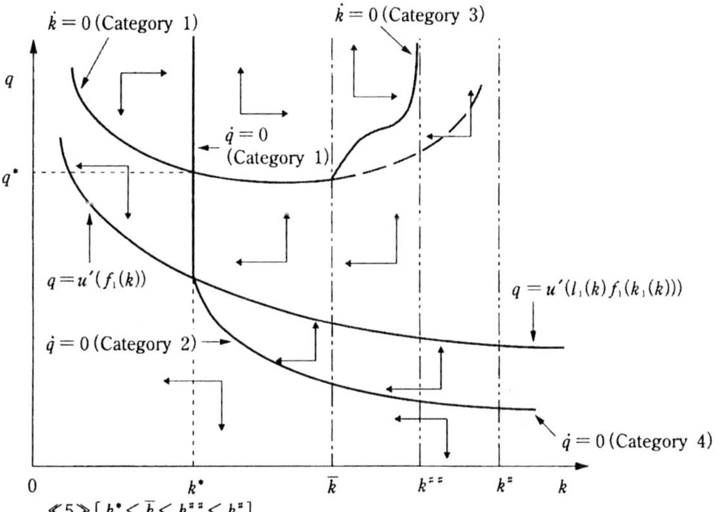

《5》[$k^* < \bar{k} < k^{\#\#} < k^{\#}$]

図3-11

制を維持するための投資が必要とされる資本水準に到達する．それ以上に，消費を拡大するためには，第2産業への投資を増大せねばならない．このことは，ある程度の消費を犠牲にせざるを得ないことを意味する．しかし，犠牲とする消費よりも，資本の高まりによって生ずる消費拡大効果の方が大きければ，政策当局は，浄化産業である第2産業に投資しながらも，第1産業への投資を高め，消費の拡大を選択するであろう．そこで，Category 1 と Category 3 の定常状態を比較すれば，Category 3 の定常状態における消費は，Category 1 におけるそれを上回る，すなわち，高い効用が得られるからに違いない．それゆえ，Category 3 が存在すれば，政策当局は，Category 3 における定常状態が達成されるように消費を制御するであろうし，Category 3 が存在しない場合には，Category 1 の定常解を達成するような制御を行うことを選択するのが得策であろう．

3.5 結　び

本節では，結びとして，さらに研究されるべき残された問題について言及する．

第一の問題は，リサイクル活動の導入である．ここでは何ら注意を払わなかったが，近年のリサイクリングに対する大きな関心—実際，わが国でも，1999年に「再生資源の利用に関する法律」，いわゆるリサイクル法が施行されたが—を考慮すれば，本章のモデルにリサイクル活動を組み入れるべきであろう．これをするためには，われわれの現在の生産関数が中間投入を陽表的に含むように変更すべきである．この変更で，モデルの複雑化は免れないが，最適制御の決定に関する限り，殆んど困難は生じないであろう．

第二は，汚染物質を発生する生産者が，廃棄物処理に何ら費用を負担していないという問題である．しかし，汚染者負担の原則（PPP）にしたがってモデルが変更されたとしても，公平性の観点から，生産者のみならず消費者もまた汚染者であるということが認識される必要がある．それゆえ，汚染者が，汚染物質の浄化費用を汚染者が支払うことの影響を明らかにするためには，消費活動から発生する汚染の処理費用の少なくとも一部を消費者が負担すべく消費者行動の再定式化から始めなければならないと考えられる．

第4章
ファジイ制御による汚染物質の許容水準の決定*)

4.1 はじめに

前章では，汚染物質の排出許容水準の上限 ε は，政策当局により恣意的に与えられると考えてきた．しかし，環境規制の程度は，当該社会におけるさまざまな状況を反映して決定されるのが望ましいのはいうまでもなく，その際，汚染物質の自然浄化作用にも注意を払うべきであろう．したがって，本章では，政策当局によって与えられると考えてきた ε の決定を，前章で扱った分析の枠組みに取り入れることを目的とし，第2節では，ε の変化が内生変数に及ぼす効果を考察し，続く第3節で，ε の値を特定化するため，ファジイ制御[1]を導入する．1965年，Zadeh が人間の主観的思考や判断の過程をモデル化し，これを定量的に扱うファジイ集合を提唱したが，その後，ファジイ集合は体系化され，ファジイ理論として発展を遂げた．ファジイ制御は，このファジイ理論に基づき，きめ細かな人間の感覚に近い制御をその特徴としている．1980年代以降，産業レベルでのファジイ制御の実用化一たとえば，仙台地下鉄の自動運転，トンネル掘削機械，ガラス溶融炉，エアコンや家庭電化製品一も加速度的に進んだ．経済学へ

---

*）本章は，Nakayama and Uekawa（1992）に基づく．

1）ファジイ制御に関しての詳細は，水本（1989），廣田（1990；pp. 135-166），本多・大里（1991；pp. 136-166），矢川（1991；pp. 9-52），村上（1993）参照．

のファジイ理論の適用は，たとえば，Basu (1984)，Ponsard (1988)，Billot (1992)，高萩 (1992) によって試みられているが，ファジイ制御の経済理論への適用は今もってあまりなされてはおらず，それゆえ，ファジイ制御をわれわれの理論的枠組みに導入し，より望ましい ε の値の特定化を提言することは，少なからず有意味であろう．そこで，第 3 節では，ファジイ制御を導入し，この手法の本質を，一般性をほぼ損なうことなく，ごく簡単な例を用いて説明した．最後に第 4 節は，前章，本章を通してなされてきた分析の再検討にあてる．

4.2　許容水準の変化が及ぼす影響

本節では，汚染物質の許容水準 ε の変化が，短期均衡に及ぼす影響を考察する．前章の（3-34）に留意し，短期均衡を表す（3-27）の両辺を ε に関して偏微分すれば，

$$(4\text{-}1)\qquad \boldsymbol{A}\begin{bmatrix}\dfrac{\partial l_1}{\partial \varepsilon}\\ \dfrac{\partial k_1}{\partial \varepsilon}\\ \dfrac{\partial k_2}{\partial \varepsilon}\end{bmatrix}=\begin{bmatrix}-1\\ 0\\ 0\end{bmatrix}$$

を得る．よって，この体系の解は，

$$(4\text{-}2\text{-}1)\qquad \frac{\partial l_1}{\partial \varepsilon}=\frac{1}{\det\boldsymbol{A}}\left\{\frac{(1-l_1)f_1f_1''}{(f_1')^2}+\frac{l_1f_2f_2''}{(f_2')^2}\right\}>0$$

および

$$(4\text{-}2\text{-}2)\qquad \frac{\partial k_i}{\partial \varepsilon}=\frac{f_jf_j''(k_2-k_1)}{(f_j')^2\det\boldsymbol{A}}\qquad (i=1,2\,;\,j\neq i)$$

で与えられる．したがって，第 1 産業で使用される労働サービス l_1 は，ε と同方向に変化する．他方，第 i 産業の資本労働比率 $k_i=\dfrac{K_i}{l_i}\,(i=1,2)$ の変動方向は，浄化産業である第 2 産業が資本集約的（労働集約的）ならば，ε と同方向（逆方向）に変化し，かつこの逆もまた真であること，すなわ

ち，

$$\frac{\partial k_i}{\partial \varepsilon} \gtreqless 0 \Longleftrightarrow k_1 \gtreqless k_2 \qquad (i=1,2) \tag{4-3}$$

が示される．

次に，定常状態が ε の変化にいかに影響されるかを考察する．(3-3) と (3-23) にしたがえば，ε の上昇（低下）は，$\bar{k}$ の上昇（低下）を招き，$f_1'(\bar{k})$ を押し下げる（押し上げる）．この事実と前章の［定理 3-1］を合わせれば，環境規制が緩やかに（厳しく）設定されるほど，Category 1 (Category 3) の定常解　$k^*(k^{**})$ が存在する可能性が高まることが理解される．

さて，これまでは，ε の変化による効果を考察してきたが，以降では，異時点間の排出汚染物質の水準の変化とその許容上限である ε を検討する．汚染物質のフローの変化は，排出汚染物質から，第2産業による処理量と自然浄化量を差し引いたものに等しいと考えられる．ゆえに，汚染物質の蓄積水準 P の動学経路は，

$$\begin{aligned}\dot{P}\left(=\frac{dP}{dt}\right) &= \alpha l_1(k\,;\,\varepsilon,\alpha)f_1(k_1(k\,;\,\varepsilon,\alpha))\\ &\quad -(1-l_1(k\,;\,\varepsilon,\alpha))f_2(k_2(k\,;\,\varepsilon,\alpha))-\beta P\\ &\leqq \varepsilon-\beta P\end{aligned} \tag{4-4}$$

と表される．ただし，(4-4) の β は，正かつ一定と仮定される汚染物質の自然浄化率[2] で，最右辺の $\leqq$ は，(3-6-2) によるものである．

4.3　ファジイ制御による許容水準の特定化

政策当局にとって，主要な関心事は，未処理汚染物質に対する許容水準 ε の数値をいかに特定するかである．しかしながら，その実用的な値を決定するには，さまざまな困難が伴う．たとえば，ある t 期の汚染物質の蓄

2)　Keeler, Spence and Zeckhauser (1971) 参照．

積水準を，自然浄化率以上の速度で減少させるためには，ε を開区間 $(0, \beta P(t))$ 内に定めねばならない．もし，その区間内で ε に割り当てられた値が高（低）ければ，それは緩い（厳しい）規制を意味する．いうまでもなく，環境制御の程度は，当該地域の気候的，あるいは地理的状況，社会制度，経済の発展段階などのあらゆる特徴に応じて，決定されるべきである．中でも，地域的特徴は重要である．もし，工場が，人口密度の高い住宅地に隣接しているならば，あるいは，保護すべき自然環境を有した地域が，工場から排出される汚染物質が何らかの自然の力―たとえば，風―によって運ばれる方向にあるならば，厳しい規制が必要とされるであろう．逆に，前述のような状態においても，社会が成熟していなければ，さほど厳しい規制を必要とされない状況も起こり得る．

さらに，規制の程度は，単に数値的に与えられるよりは，寧ろ状況に応じて柔軟に決定された方が望ましい．それゆえ，たとえば，ε を数値的に特定化する代わりに，“かなり厳しい”，“やや厳しい”，“普通”，“やや緩い”，“かなり緩い”，などによって表される規制の程度を導入しよう．

上述に加え，規制が効果的に実施されるか否かは，環境制御に用いられるモデルが，現実をいかに反映しているかに強く依拠している．にもかかわらず，現実の世界を模写するモデルの構築は，極めて困難である．したがって，われわれは，いわゆる試行錯誤を通して進まざるを得ない．そこで，これらすべての要求に合致する1つの適切な方法として，ファジイ制御の採用を提唱したい．具体的には，前章で扱った分析的枠組みにファジイ制御を導入し，許容水準 ε の値の特定化を図ることである．この手法の本質は，一般性をほぼ損なうことなく，以下のごく簡単な例で説明される．

まず，工場地帯と保護すべき地区―象徴的な意味で，この地域を植物帯と呼ぶこととするが―の2地域から構成されるある区域を仮定しよう．そこでは，工場地帯から排出される汚染物質は，風によって植物帯へ運ばれると考える．さらに，単純化のために，植物帯に有害な風向きは既知であり，そうした方向に風が吹き，植物帯に危害を与える日を，単に，有害な日と呼ぶこととしよう．したがって，有害な日数と2地域間の距離は，植物帯に影響を及ぼす重要な要因と考えられる．

ここで，集合 $X_1=[0, 365]$[3] から $[0, 1]$ への写像は，図4-1で描かれる形状のメンバーシップ関数（membership function）$\mu_A(x_1)$ として主観的に与えられるとしよう．x_1 は，$X_1=[0, 365]$ の範囲内の日数を表し，この $x_1\in X_1$ に対応する $\mu_A(x_1)$ の値は，われわれがその x_1 という日数を多いと感じる度合（degree）またはグレード（grade of membership）を意味する．集合 X_1 におけるファジイ集合（fuzzy set）[4] A とは，メンバーシップ関数 $\mu_A(\cdot)$：$X_1\to[0, 1]$ によって特性付けられた集合である．この $[0, 1]$ を $\{0, 1\}$ に置き換えた場合には，ファジイ集合 A は通常，われわれの扱うクリスプ集合（crisp set）となり，メンバーシップ関数 μ_A は特性関数（characteristic function）となる．したがって，クリスプ集合では，X_1 の要素である x_1 が，A に属するか否かによって，$\mu_A(x_1)$ は1か0の2値のみを取ることとなる．

われわれのモデルにおいて，集合 $A=\{(x_1, \mu_A(x_1)), x_1\in X_1\}$ は，有害な日数が多いというファジイ集合である．いうまでもなく，この集合を特性付けるメンバーシップ関数 $\mu_A(x_1)$ の値が1（0）に近ければ近いほど，x_1 が集合 A に属する度合が高い（低い）ことを示している．図4-1で描かれた $\mu_A(x_1)$ は，閉区間 $[0, x_1']$ においては $\mu_A(x_1)=0$ であるから，問題とする有害な日数はまったく多くはなく，他方，$x_1=365$ では，$\mu_A(x_1)=1$ であるため，有害な日数は，まさに多いと考えられる．さらに，この両者間の開区間 $(x_1', 365)$ 内の x_1 に対する $\mu_A(x_1)$ の値は，日数 x_1 がいかに多い日数と考えられるかの度合を意味している．したがって，区間 $[0, x_1']$ を考察対象として扱うことは無意味であるため，以降では，区間 $(x_1', 365]$ に限定

3)　閏年には，$X_1=[0, 366]$ となる．

4)　ファジイ集合の詳細については，Dubois and Prade（1980），Zadeh（1987），水本（1988），Kaufmann and Gupta（1992），水本（1992），堀内（1998）等を参照．特に，先の4文献は，ファジイ理論の代表的文献である．

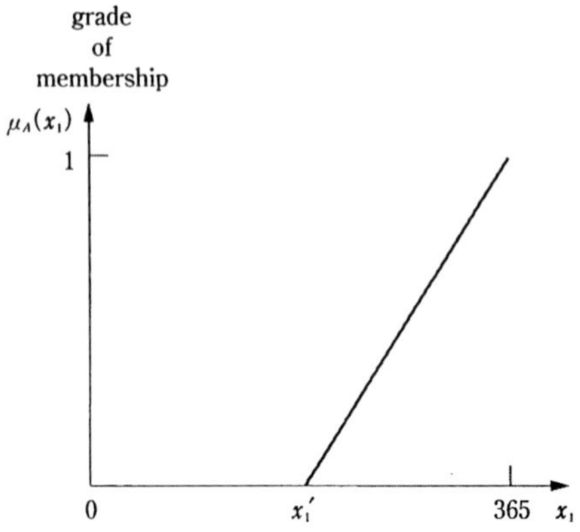

図 4-1

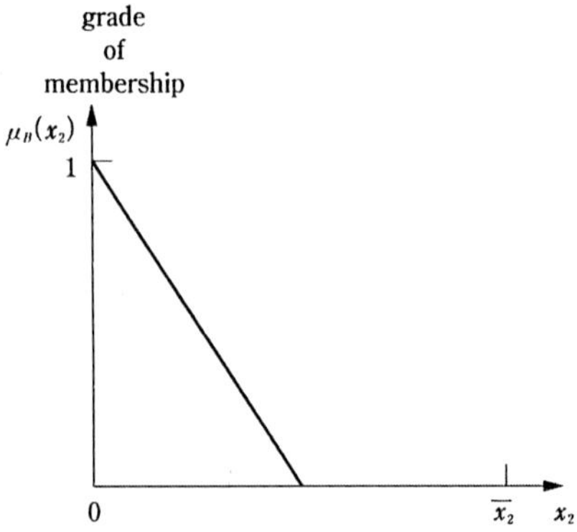

図 4-2

し，議論を進めることとする．

次に，閉区間 $\boldsymbol{X}_2=[0, \bar{x}_2]$ におけるメンバーシップ関数を $\mu_B(x_2)$ と定め，$\mu_B(x_2)$ $(x_2 \in \boldsymbol{X}_2)$ のグラフは，図 4-2 で描かれる形状とする．ただし，x_2 は，工場地帯と植物帯の間の距離[5)]を，$\bar{x}_2$ は十分大きな数値をそれぞれ表

5)　ここでは，工場地帯と植物帯の 2 地域間の距離は，$\inf d(p_1, p_2)$ によって定義される．なお，$p_1(p_2)$ は工場地帯（植物帯）の任意の地点を，$d(p_1, p_2)$ は p_1，p_2 間の距

すものとする．そのとき，$\mu_B(x_2)$は，これら2地域の隣接の度合を示すメンバーシップ関数と解釈され，集合$\boldsymbol{B}=\{x_2, \mu_B(x_2)), x_2 \in \boldsymbol{X}_2\}$は，短距離を表すファジイ集合となる．

図4-3は，汚染物質の許容水準の特定化の基本的概念をフローチャート化したものである．

常識的に考えれば，植物帯にとって有害な風向きの日数が多い（以下では，簡単のため，単に風と記述）ほど，工場地帯と植物帯の距離が近いほど，汚染物質は植物帯をより損なうであろう．しきい値（threshold）h_1[6] が与

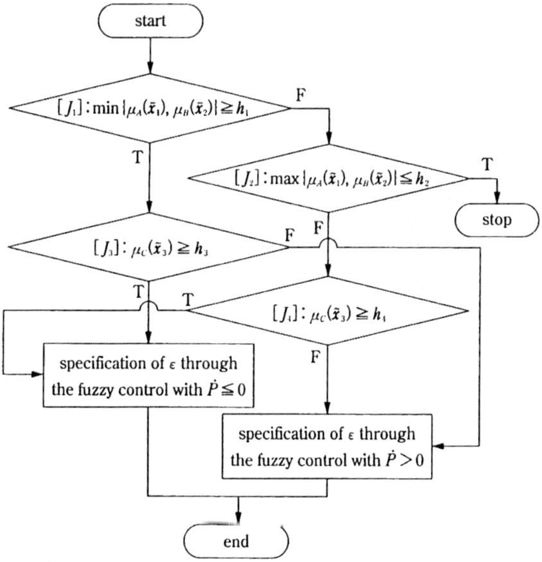

T：真
F：偽
h_i $(i=1, 2, 3, 4)$：しきい値
$h_1 > h_2$ かつ $h_4 > h_3$

図4-3

離をそれぞれ表す．

6)　たとえば，水本（1988；p. 19）参照．

えられたとして，以下の不等式，

[J_1] $$\min\{\mu_A(\bar{x}_1), \mu_B(\bar{x}_2)\} \geqq h_1$$

を考えよう．なお，$\bar{x}_i$ は，$x_i(i=1,2)$ の観測値とする．このとき，[J_1] が成立すれば，[J_1] を保つような風と距離が関与する限りは，それらのいずれもが，植物帯を多少なりとも傷つけるであろう．他方，[J_1] が不成立であったとしても，風と距離の少なくとも一方は，かなりの害悪要因となる可能性は否定できない．

[J_1] が成立する場合には，新たな基準として，

[J_3] $$\mu_C(\bar{x}_3) \geqq h_3$$

を設け，この [J_3] の有効性を通して，汚染物質の現時点の水準 $P(t)$[7] を考慮する．なお，$\bar{x}_3$ は x_3 の観測値である．また，$\boldsymbol{C}=\{(x_3, \mu_C(x_3)), x_3 \in \boldsymbol{X}_3\}$ は，汚染物質が高水準であるというファジイ集合を表し，$\mu_C(x_3)$ は，

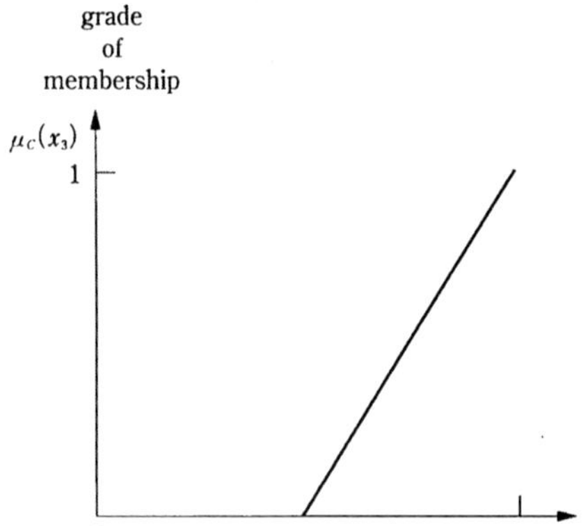

図 4-4

蓄積された汚染物質の範囲，$\boldsymbol{X}_3=[0, \bar{x}_3]$ で定義され，その形状は図 4-4 で描かれるとしよう．さらに，$\mu_C(x_3)\,(x_3 \in \boldsymbol{X}_3)$ の値は，われわれが $P(t)$ を高いと感じる度合を示すとする．

7) $P(t)$ は，政策当局が ε の値を特定化する時点における汚染物質の水準を表す．ゆえに，厳密にいえば，$P(t)$ というよりは，寧ろ $P(t_0)$ と記すべきであろう．

以下では，実際に $P(t)$ と関連付けて，図 4-3 の説明を行う[8]．

$[J_3]$ が真であるならば，$\mu_C(x_3)$ は与えられたしきい値 h_3 より小さくはないので，$P(t)$ は幾分高い水準にあるといえよう．$[J_1]$ が成立していることを想起すれば，少なくともしばらくは汚染物質の水準を減ずることが望ましい．そこで，この場合には，$\dot{P} \leqq 0$ となるようにファジイ制御を通して，ε を区間 $[0, \beta P(t)]$ 内に決定すべきである．逆に，$[J_3]$ が偽である場合には，植物帯に多少なりとも悪害を及ぼすものの，当面はさして深刻な被害は見られないため，$\dot{P} > 0$ となるある限定された値 z^+ 以下の範囲で $\beta P(t)$ より大きな ε も許容される．

$[J_1]$ が不成立な場合には，風と距離のいずれか一方の及ぼす悪影響がどの程度かを，

$$[J_2] \qquad \max\{\mu_A(\bar{x}_1), \mu_B(\bar{x}_2)\} \leqq h_2$$

によって判断する．ただし，$h_2 < h_1$ である．

もし，$[J_2]$ が真ならば，さして問題はないため，偽の場合のみを取り上げる．$[J_2]$ が不成立ならば，汚染物質は植物帯を多少なりとも損なうであろうと考えられるが，それが取るに足らない程度であるか否かは，

$$[J_4] \qquad \mu_C(\bar{x}_3) \geqq h_4$$

を設定し，検討する．なお，$h_3 < h_4$ である．

したがって，$[J_4]$ が成立すれば，風と距離のいずれかが植物帯にとって有害と解釈されるので，$[J_3]$ が保持された場合と同様な方法 ε での値を割り当てることとなる．さらに，$[J_4]$ が不成立なときには，$[J_3]$ が偽である場合と同様の処理をする．

---

8)　近年の植田・落合・北畠・寺西（1992；pp. 223-232）や Dasgupta, Hammond and Maskin (1980) といった文献では，再生資源とみなされる環境ストックの最適利用に議論を集中している．その結果，資本の蓄積過程は無視されがちである．しかしながら，資本と労働のサービスを結合させることで遂行される生産活動が重要な役割をはたす現代の経済に興味を払う限りは，明示的に資本の蓄積過程を考察しないことは不十分といえよう．そこで，本章では，資本の蓄積過程に焦点を当てるとともに，汚染物質の動学的行動にも言及する．

表 4-1　ファジイ制御規則

z		y				
		B_1	B_2	B_3	B_4	B_5
x	A_1	C_5	C_5	C_4	C_4	C_3
	A_2	C_5	C_4	C_4	C_3	C_2
	A_3	C_4	C_4	C_3	C_2	C_2
	A_4	C_4	C_3	C_2	C_2	C_1
	A_5	C_3	C_2	C_2	C_1	C_1

次に，ごく簡単な例を用いて，実際にわれわれのモデルにファジイ制御を適用しよう．汚染物質により有害な影響を与える期間 x と，植物帯に存在する動植物の種類が国全体のそれに対して占める割合 y に着目する．さらに，x^+ を十分大きな値とし，$x \in X=[0, x^+], y \in Y=[0, 1]$と考える．

表 4-1 は，“if x is A_i and y is B_j then ε is C_k”，すなわち，“もし x が A_i かつ y が B_j ならば ε を C_k とせよ”というファジイ制御規則を総括的に示したものである．この C_k は，表 4-1 の(A_i, B_j)セルで表される．ファジイ制御規則（fuzzy control rules）は，このように“if-then”形式で記述され，if…の部分は前件部，then…の部分は後件部と呼ばれる．さらに，x，yを前件部変数，ε を後件部変数という．，A_i, B_j, C_k はファジイ集合で表されるため，ファジイラベル（fuzzy　label）もしくはファジイ変数（fuzzy variable）といわれるが，実際には，変数 x, y, ε の取るファジイ値であると理解すればよい．なお，今後は簡略化のため，第 l 番目の制御規則を R_l（ただし，$l=5(i-1)+j(i, j=1, \cdots, 5)$）と記すこととする．

ファジイ制御で用いられるファジイラベルは，次のように定められる．

A_1：かなり少ない	B_1：かなり低い	C_1：かなり小さい
A_2：やや少ない	B_2：やや低い	C_2：やや小さい
A_3：普通	B_3：普通	C_3：普通
A_4：やや多い	B_4：やや高い	C_4：やや大きい
A_5：かなり多い	B_5：かなり高い	C_5：かなり大きい

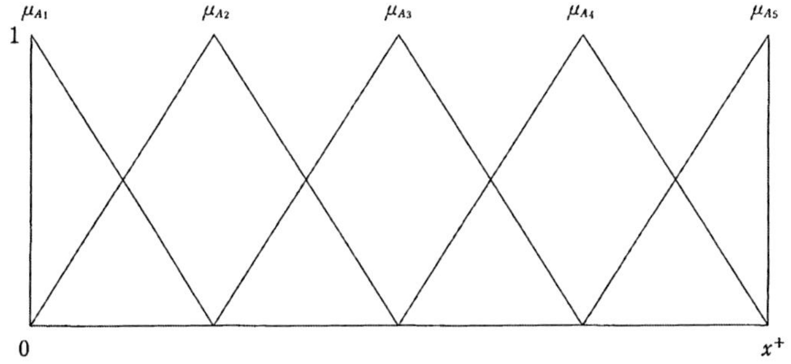

図4-5-1

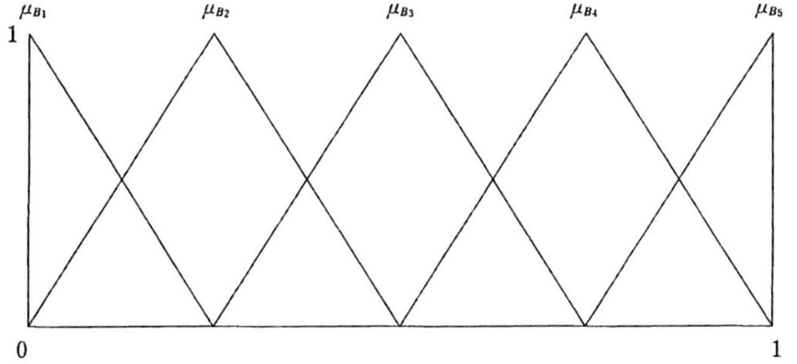

図4-5-2

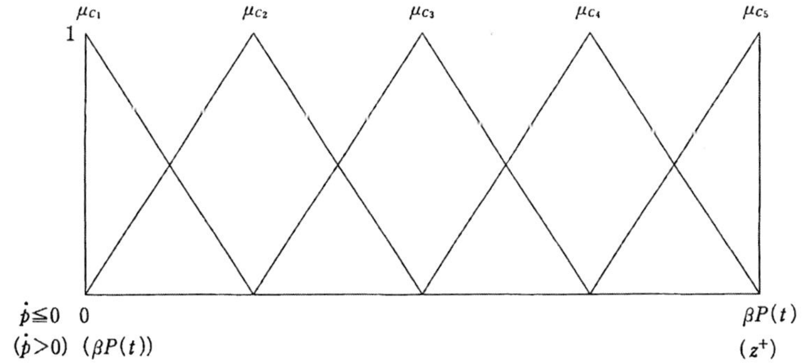

図4-5-3

これらファジイラベルを特性付けるメンバーシップ関数は[9]，図 4-5-1 ～4-5-3 で与えられると仮定しよう．ただし，図 4-5-3 における z^+ は，$\dot{P}(t)>0$ のときに外生的に与えられる ε の上限である．

任意の $x\in \boldsymbol{X}$ および $y\in \boldsymbol{Y}$ に対応して，a_l を，

$$a_l = \min\{\mu_{A_i}(x), \mu_{B_j}(y)\} \qquad (i, j=1, \cdots, 5\,;\ l=5(i-1)+j)$$

と定義すれば，a_l は，入力 x，y が第 l 番目のファジイ制御規則 R_l の前件部にいかに合致しているかを表す適合度と解釈される．

図 4-6 を用いて，ε を特定化する過程の説明に移ろう．前件部変数 x，y の観測値 $\tilde{x}$，$\tilde{y}$ が，それぞれ図 4-6 で描かれる位置に与えられたとする．このとき，図 4-5 からメンバーシップ関数，$\mu_{A_i}(\tilde{x})=\mu_{B_j}(\tilde{y})=0\,(i=1, 2, 3\,;\ j=3, 4, 5)$ が示されるので，$\tilde{x}$，$\tilde{y}$ に関連する前件部のファジイラベルは，A_4，A_5，B_1 および B_2 となる．前件部ファジイラベル A_i，B_j の組み合わせ $(A_i, B_j)\,(i, j=1, \cdots, 5)$ に適用されるファジイ制御規則が $R_l\,(l=5(i-1)+j)$ であったことに留意すれば，この場合，該当するファジイ制御規則は，R_{16}，R_{17}，R_{21} および R_{22} となる．

第 16 番目のファジイ制御規則である R_{16} を例にとって，説明しよう．a_{16} は，

$$a_{16} = \min\{\mu_{A_4}(\tilde{x}), \mu_{B_1}(\tilde{y})\}$$

として求められ，この値は，入力 $\tilde{x}$，$\tilde{y}$ が R_{16} の前件部といかに合致しているかという適合度を表すと解釈される．後件部ファジイラベルは，表 4-1 により，(A_4, B_1) セルから C_4 が求められる．したがって，R_{16} の C_4 に関する推論結果は，

9) メンバーシップ関数は主観的に決定され，釣鐘型，台形型，三角型がよく知られているが，ファジイ制御では，一般にはその形状が単純なことから，左右対称な三角型を用いることが多いため，本章もこれにしたがう．左右対称な三角型メンバーシップ関数は，

$$\mu_{A_i}\text{と}(x) = \max\left\{0, \frac{1}{b}(-|x-a|+b)\right\}, b>0$$

と表され，a は $\mu_{A_i}(a)=1$ となるパラメータ，b は左右の広がりを表す．詳細は，坂和（1990 ; pp. 19-21），本多・大里（1991 ; pp. 22-28），水本（1992 ; pp. 7-12）参照．

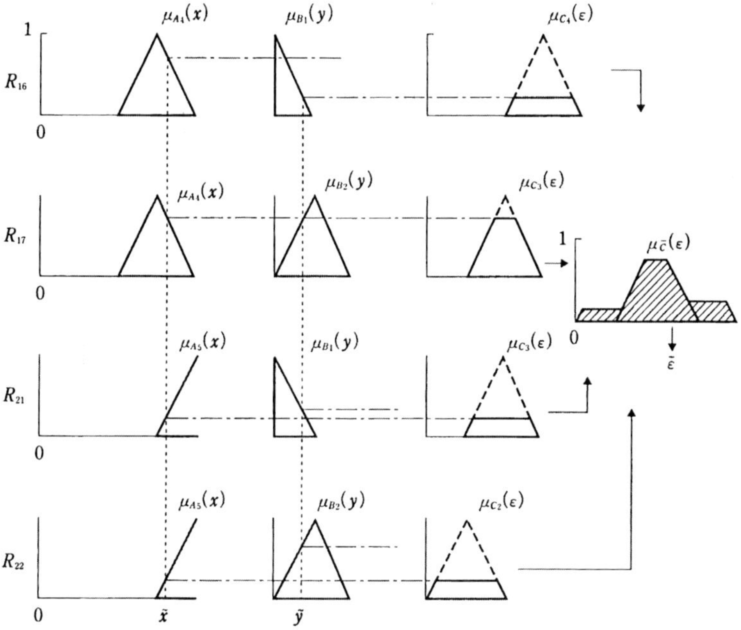

図4-6

$$\mu_{\tilde{C}_{16}}(\varepsilon) = \min_{\varepsilon \in \mathbf{Z}}\{a_{16}, \mu_{C_4}(\varepsilon)\}$$

$$= \begin{cases} a_{16} & \text{if} \quad a_{16} < \mu_{C_4}(\varepsilon) \\ \mu_{C_4}(\varepsilon) & \text{if} \quad a_{16} \geqq \mu_{C_4}(\varepsilon) \end{cases} \qquad \varepsilon \in \boldsymbol{Z}$$

と定められる．全く同様にして，$\mu_{\tilde{C}_{17}}(\varepsilon)$，$\mu_{\tilde{C}_{21}}(\varepsilon)$ および $\mu_{\tilde{C}_{22}}(\varepsilon)$ も決定される．

こうして求められた上記4規則の推論結果，$\mu_{\tilde{C}_{16}}(\varepsilon)$，$\mu_{\tilde{C}_{17}}(\varepsilon)$，$\mu_{\tilde{C}_{21}}(\varepsilon)$ および $\mu_{\tilde{C}_{22}}(\varepsilon)$ の最大値を $\mu_{\tilde{C}}(\varepsilon)$ と定めれば，

$$\mu_{\tilde{C}}(\varepsilon) = \max_{\varepsilon \in \mathbf{Z}}\{\mu_{\tilde{C}_{16}}(\varepsilon), \mu_{\tilde{C}_{17}}(\varepsilon), \mu_{\tilde{C}_{21}}(\varepsilon), \mu_{\tilde{C}_{22}}(\varepsilon)\}.$$

このとき，$\mu_{\tilde{C}}(\varepsilon)$ がファジイ制御規則 $R_i(l=16, 17, 21, 22)$ に基づいたファジイ推論の最終的な推論結果である．

最後に，ε の値を決定するために，各ファジイ規則による推論結果を総

合して得られた$\mu_{\tilde{C}}(\varepsilon)$を確定値に変換する必要がある[10]．そこで，図4-6の斜線部分の重心，

$$\bar{\varepsilon}=\frac{\int \varepsilon\mu_{\tilde{C}}(\varepsilon)\,d\varepsilon}{\int \mu_{\tilde{C}}(\varepsilon)\,d\varepsilon}$$

を計算する．こうして得られた$\bar{\varepsilon}$がファジイ推論結果である．ここで採用した推論法は，Mamdani[11]の min-max 重心法と呼ばれ，推論手順が簡便であることから，現在もファジイ制御で広く用いられている．

4.4 結　び

ここでは，前章，本章にわたってなされてきた分析を再検討し，結びに代える．

ストック変数としての汚染物質の時間経路は，もっぱら財の生産から排出される汚染物質と自然浄化能力に依存するから，資本ストックと汚染物質の許容水準の双方が蓄積される動学過程を分析視野に入れるのが望ましい．しかしながら，資本ストックと汚染物質の許容水準の両者の動学的行動を同時に考察することは，位相図の描写を複雑化もしくは不可能とし，それゆえ，分析結果を一目で把握することはかなりの困難を伴うであろう．さらに，どのような最先端の経済をもってしても，生産された財を利用せずに生き残ることはできないから，資本蓄積過程を分析の対象外とするのは適切ではない．そこで，われわれは，まず，最適成長経路を次のように設定して議論した．最初に，未処理汚染物質の廃棄に関して，許容水準の上限（ε）を所与として分析し，次に，汚染物質の動学経路を考慮しつつ，

10)　この操作は，非ファジイ化（defuzzification）といわれ，本章で扱う重心法が一般的ではあるが，他に，面積法，最大法などがある．

11)　Mamdani（1976）参照．『ファジイソフトコンピューティングハンドブック』（2000）によれば，プラントへのファジイ制御の適用は，1974年の Mamdani 教授の蒸気エンジン制御が最初の例である．

ファジイ制御を用いてその水準をいかに適切に決定するかを論議した．したがって，ここでのアプローチは，分析の複雑さを最小化しつつ，より広範囲にわたった研究への１つの布石といえよう．

付　録
汚染浄化活動を含むLeontief体系への所得循環の導入

開放Leontief体系では，外生的に与えられる最終需要を充足するために，直接・間接に必要な各財の生産水準が決定される（中間投入需要）．しかし，この生産活動に伴って発生する要素所得（たとえば，賃金）は，少なくとも最終需要の一部（たとえば，消費）を変動させ，誘発的な最終需要変動は再び生産活動に影響する．この過程を図式化すれば，

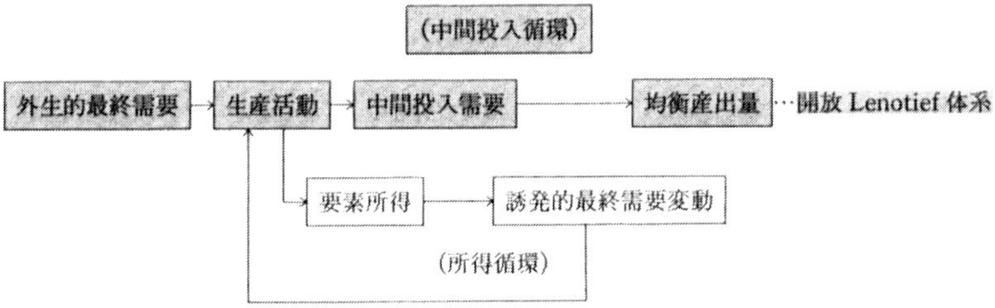

となる．

この付録では，第2章で考慮した汚染浄化産業を含む開放Leontief体系へ上図の所得循環過程を導入しても，分析の進め方や基本的仮定に大きな変化は生じないことを示す．ただし，誘発的最終需要変動は，要素所得の1次関数として記述されることを前提としている．この点は，開放Leontief体系における中間投入循環とKeynes的な所得循環を結合した線形多部門モデルを開発したMiyazawa（1976）と同様である．

まず，第2章第2節で規定した以外に，必要とされる記号を定めよう．

c_i　：第 i 財に対する限界消費性向($i=1, \cdots, m$)

$\boldsymbol{c}=(c_1, \cdots, c_m)^t$　：限界消費性向のベクトル

γ_{ij}　：第 j 最終需要財（最終需要として需要される第 j 財）1 単位の費消から排出される第 i 汚染物質($i=m+1, \cdots, n$；$j=1, \cdots, m$)

$\boldsymbol{\Gamma}=(\gamma_{ij})$　：最終需要財の使用による汚染排出係数の行列 ($i=m+1, \cdots, n$；$j=1, \cdots, m$)

g_j：　第 j 財に対する外生的最終需要

$\boldsymbol{g}=(g_1, \cdots, g_m)^t$　：外生需要ベクトル

第2章の (2-3) に示したように，ここで考察する Leontief 体系における要素所得は，$\boldsymbol{vx}$ で与えられる．したがって，(誘発的最終需要ベクトル＋外生的最終需要ベクトル)＝($\boldsymbol{cvx}+\boldsymbol{g}$)，およびこれら(＝$\boldsymbol{cvx}+\boldsymbol{g}$)から排出される汚染ベクトル＝$\boldsymbol{\Gamma}(\boldsymbol{cvx}+\boldsymbol{g})$となる．よって，通常財と未処理汚染物質は，それぞれ，

$\boldsymbol{x}_{\mathrm{I}} \geqq \{(\boldsymbol{A}_{\mathrm{I\,I}} \boldsymbol{A}_{\mathrm{I\,II}})\boldsymbol{x}+\boldsymbol{cvx}+\boldsymbol{g}\}$　[…各通常財に対する総需要はその財の供給を超え得ない

$\boldsymbol{d} \geqq \{(\boldsymbol{A}_{\mathrm{II\,I}} \boldsymbol{A}_{\mathrm{II\,II}})\boldsymbol{x}+\boldsymbol{\Gamma}(\boldsymbol{cvx}+\boldsymbol{g})\}-\boldsymbol{x}_{\mathrm{II}}$　[…未処理の各汚染物質は当該汚染に対する規制を上回り得ない

を満たさなければならない．さらに，第2章第2節におけると同様，考察を等式体系に限定すれば，この付録の基本モデルとして，

$$\left[\boldsymbol{I}-\boldsymbol{A}-\begin{pmatrix}\boldsymbol{I}_m\\ \boldsymbol{\Gamma}\end{pmatrix}\boldsymbol{cv}\right]\boldsymbol{x}=\begin{pmatrix}\boldsymbol{g}\\ -\boldsymbol{d}+\boldsymbol{\Gamma g}\end{pmatrix}$$

あるいは，

$$\left[\boldsymbol{I}-\left(\boldsymbol{A}+\begin{matrix}\boldsymbol{I}_m\\ \boldsymbol{\Gamma}\end{matrix}\right)\boldsymbol{cv}\right)\right]\boldsymbol{x}=\begin{pmatrix}\boldsymbol{g}\\ -\boldsymbol{d}+\boldsymbol{\Gamma g}\end{pmatrix}$$

が得られる．ここで，

［仮定2-1'］　$\left[I-\left(A+\begin{pmatrix}I_m\\ \Gamma\end{pmatrix}cv\right)\right]$はM行列である．

と仮定すれば，Miyazawa（1976；p. 5の（1.5））と同様，次の結果が成立する．

(i)　$(I-A)$はM行列である，

(ii)　$$\left[I-\left(A+\begin{pmatrix}I_m\\ \Gamma\end{pmatrix}cv\right)\right]^{-1}=B\left[I-\begin{pmatrix}I_m\\ \Gamma\end{pmatrix}cvB\right]^{-1},$$

および

(iii)　$$\left[I-\left(A+\begin{pmatrix}I_m\\ \Gamma\end{pmatrix}cv\right)\right]^{-1}=B\left[I+\begin{pmatrix}I_m\\ \Gamma\end{pmatrix}cKvB\right].$$

ただし，$B=(I-A)^{-1}, K=\left(1-vB\begin{pmatrix}I_m\\ \Gamma\end{pmatrix}c\right)^{-1}.$

（証明）

(i)　仮定により，$\left[I-\left(A+\begin{pmatrix}I_m\\ \Gamma\end{pmatrix}cv\right]\right.$はM行列だから，ある$y>0$が存在して，

$$0<\left[I-\left(A+\begin{pmatrix}I_m\\ \Gamma\end{pmatrix}cv\right)\right]y=(I-A)y-\begin{pmatrix}I_m\\ \Gamma\end{pmatrix}cvy.$$

しかるに，$\begin{pmatrix}I_m\\ \Gamma\end{pmatrix}cv$は非負行列だから，結局$(I-A)y>0$．さらに，$(I-A)$の各非対角要素は非正である．よって，$(I-A)$はM行列．

(ii)　$$\left[I-\left(A+\begin{pmatrix}I_m\\ \Gamma\end{pmatrix}cv\right)\right]^{-1}=\left[\left(I-\begin{pmatrix}I_m\\ \Gamma\end{pmatrix}cvB\right)(I-A)\right]^{-1}$$

$$=B\left[I-\begin{pmatrix}I_m\\ \Gamma\end{pmatrix}cvB\right]^{-1}.$$

(iii)　(iii）を示すには，（ii）の右辺＝(iii）の右辺をいえばよいが，Bの正則性を考慮すれば，（iii）は結局，

$$I=\left(I-\begin{pmatrix}I_m\\ \Gamma\end{pmatrix}cvB\right)\left(I+\begin{pmatrix}I_m\\ \Gamma\end{pmatrix}cKvB\right)$$

と等価である．この右辺を直接計算すれば，

$$\left(I-\begin{pmatrix}I_m\\ \Gamma\end{pmatrix}cvB\right)\left(I+\begin{pmatrix}I_m\\ \Gamma\end{pmatrix}cKvB\right)$$

$$=I-\begin{pmatrix}I_m\\ \Gamma\end{pmatrix}cvB+\begin{pmatrix}I_m\\ \Gamma\end{pmatrix}cKvB-\begin{pmatrix}I_m\\ \Gamma\end{pmatrix}cvB\begin{pmatrix}I_m\\ \Gamma\end{pmatrix}cKvB$$

$$=I-\begin{pmatrix}I_m\\ \Gamma\end{pmatrix}cK\left(I-vB\begin{pmatrix}I_m\\ \Gamma\end{pmatrix}c-I\right)vB-\begin{pmatrix}I_m\\ \Gamma\end{pmatrix}cvB\begin{pmatrix}I_m\\ \Gamma\end{pmatrix}cKvB$$

$$=I+\begin{pmatrix}I_m\\ \Gamma\end{pmatrix}cKvB\begin{pmatrix}I_m\\ \Gamma\end{pmatrix}cvB-\begin{pmatrix}I_m\\ \Gamma\end{pmatrix}cvB\begin{pmatrix}I_m\\ \Gamma\end{pmatrix}cKvB^{*)}$$

$$=I+\begin{pmatrix}I_m\\ \Gamma\end{pmatrix}c\left[KvB\begin{pmatrix}I_m\\ \Gamma\end{pmatrix}c-K+K-vB\begin{pmatrix}I_m\\ \Gamma\end{pmatrix}cK\right]vB$$

$$=I+\begin{pmatrix}I_m\\ \Gamma\end{pmatrix}c\left[-K\left(I-vB\begin{pmatrix}I_m\\ \Gamma\end{pmatrix}c\right)+\left(I-vB\begin{pmatrix}I_m\\ \Gamma\end{pmatrix}c\right)K\right]vB$$

$$=I+\begin{pmatrix}I_m\\ \Gamma\end{pmatrix}c(-I+I)vB=I.$$

（証明終）

(iii) に関する補足

（補足—1）　$*$）の段階で，K がスカラーであることに留意すれば，ただちに求める結論が得られる．しかし，ここでの証明は，複数（たとえば，r 種）の生産要素が存在し，v が $r\times n$ 行列の場合にも適用可能である．

（補足—2）　(iii) の成立には，$K\neq 0$（v が $r\times n$ 行列のときには，その正則性）が不可欠であるが，この条件は，vB が価格体系の解となることに着目するとともに，適当な測定単位（たとえば，$worth unit 等）の採用により，$vB\leq 1^t$ としてよいこと，および $1^t c<1$ は無理のない仮定であることを考慮すれば，最終財費消からの汚染排出が著しく大ではない場合には，甚だしく無理な条件ではないといえる．

（補足—3）　(iii) により，所得循環を考慮したとき，第 2 章第 3 節の結果に影響するのは，$B\begin{pmatrix}I_m\\ \Gamma\end{pmatrix}cK\,vB$ の要素の大きさであることが明らかにされた．

数学的補論[*] —Frobenius の定理—

MA. 1 はじめに

1908 年，Frobenius[1] によって確立された非負行列に関する定理は，Frobenius の定理と称され，経済分析においても，多岐にわたり利用されている．この定理の非線形変換 $f: \boldsymbol{R}^n_+ (=\{\boldsymbol{x} \geqq \boldsymbol{0} \mid \boldsymbol{x} \in \boldsymbol{R}^n\}) \to \boldsymbol{R}^n$ への拡張は，Nikaido (1968) や Morishima and Fujimoto (1974) によって行われている．本補論では，まず，非線形変換 f に対する Frobenius の定理を記述・証明し，さらに，この定理を利用して粗代替行列（もしくは，Metzler 行列）に関する Frobenius の定理と M 行列の性質を導出する．

MA. 2 記号と仮定

補論で使用する記号および仮定は以下に定めるとおりである．

[記号]

$\boldsymbol{x} = (x_1, \cdots, x_n)^t$　　ただし，右上付き t は，転置を表す．

$\boldsymbol{y} = (y_1, \cdots, y_n)^t$

---

*）本補論は，中山 (1994) および中山 (1995) に基づく．

1) Frobenius (1908) および (1909) を参照．

$\boldsymbol{l}=(1, \cdots, 1) \in \boldsymbol{R}^n_{++}=\{\boldsymbol{x}>\boldsymbol{0} \mid \boldsymbol{x} \in \boldsymbol{R}^n\}$

$f(\boldsymbol{x})=(f_1(\boldsymbol{x}), \cdots, f_n(\boldsymbol{x}))^t \qquad (\boldsymbol{R}^n_+ \to \boldsymbol{R}^n)$

$\boldsymbol{S}_n=\{\boldsymbol{x} \in \boldsymbol{R}^n_+ \mid \boldsymbol{lx}=1\}$：$n$ 次元単体

$\boldsymbol{L}_f=\{\mu \in \boldsymbol{R} \mid {}^\exists \boldsymbol{x} \in \boldsymbol{S}_n \mid f(\boldsymbol{x}) \geqq \mu \boldsymbol{x}\}$

μ_j：$\boldsymbol{L}_f$ の最大要素

$\boldsymbol{\Lambda}_f=\{\lambda \in \boldsymbol{R} \mid {}^\exists \boldsymbol{y} \in \boldsymbol{S}_n \mid f(\boldsymbol{y})=\lambda \boldsymbol{y}\}$

λ_f　：$\boldsymbol{\Lambda}_f$ の最大要素

$\boldsymbol{U}$　：すべての要素が1である n 次正方行列

$\boldsymbol{x}^{(m)}=(x_1^m, \cdots, x_n^m)^t \in \boldsymbol{R}^n$

$\boldsymbol{N}=\{1, \cdots, n\}$：番号集合

$\boldsymbol{A}$　：n 次正方行列

$adj\ \boldsymbol{A}$　：$\boldsymbol{A}$ の余因子行列

$rank\ \boldsymbol{A}$　：$\boldsymbol{A}$ の階数

$det\ \boldsymbol{A}$　：$\boldsymbol{A}$ の行列式

$\boldsymbol{A}\begin{pmatrix} i \\ j \end{pmatrix}$　：$\boldsymbol{A}$ の第 i 行と第 j 列を除いて得られる行列

$/\boldsymbol{A}/$　：$|a_{ij}|$ を第(i, j)要素とする行列．ただし，a_{ij} は $\boldsymbol{A}$ の第(i, j)要素を表し，$|a_{ij}|$ は a_{ij} の絶対値である．ベクトルについても同様とする．

$\boldsymbol{A}_{JK}$　：$a_{jk}(j \in \boldsymbol{J}; k \in \boldsymbol{K})$だけから成る $\boldsymbol{A}$ の部分行列．ただし，$\boldsymbol{J}, \boldsymbol{K}$ は $\boldsymbol{N}$ の任意の部分集合である．

$\#\boldsymbol{J}$　：$\boldsymbol{J}$ に属する要素の個数

[仮定]

[仮定 MA-1] … (NN)

非負性 (non negativity)　：すべての $\boldsymbol{x} \geqq \boldsymbol{0}$ に対して，$f(\boldsymbol{x}) \geqq \boldsymbol{0}$.

[仮定MA-2] … (C)

連続性（continuity）：$f(\boldsymbol{x})$は$\boldsymbol{R}^n_+$上で連続．

[仮定MA-3] … (H)

同次性（homogenuity）：定数$m \in [0, 1]$が存在し，任意の$\boldsymbol{x}$と$t \geqq 0$に対して$f(t\boldsymbol{x}) = t^m f(\boldsymbol{x})$．

[仮定MA-4] … (WM)

弱単調性（weak monotonicity）：$\boldsymbol{x} \geqq \boldsymbol{y}$であるとき，$x_i = y_i$となるすべての$i \in \boldsymbol{N}$に対して，$f_i(\boldsymbol{x}) \geqq f_i(\boldsymbol{y})$．

[仮定MA-5] … (M)

単調性（monotonicity）：$\boldsymbol{x} \geqq \boldsymbol{y}$ならば，$f(\boldsymbol{x}) \geqq f(\boldsymbol{y})$．

[仮定MA-6] … (SM)

強単調性（strict monotonicity）：$\boldsymbol{x} \geq \boldsymbol{y}$ならば，$f(\boldsymbol{x}) > f(\boldsymbol{y})$．

[仮定MA-7] … (I)

分解不能性（indecomposability）[2]：$\boldsymbol{J}$を$\boldsymbol{N}$の任意の非空な真部分集合とする．ベクトル$\boldsymbol{x}$と$\boldsymbol{y}$が$\boldsymbol{x}_J = \boldsymbol{y}_J$かつ$\boldsymbol{x}_{J^c} > \boldsymbol{y}_{J^c}$を満たすとき[3]，$f_k(\boldsymbol{x}) \neq f_k(\boldsymbol{y})$となる$k \in \boldsymbol{J}$が存在する．

補論の定理の導出に際し，有用な補助定理を以下に記す．証明については，中山（1995；pp. 130-134）を参照のこと．

[補助定理MA-1]

n次元単体$S_n = \{\boldsymbol{x} \geqq \boldsymbol{0} \mid \boldsymbol{l}\boldsymbol{x} = 1\}$はコンパクトである．

---

2) 分解不能性の詳細については，中山（1995；第4章5節）を参照のこと．

3) 任意の$\boldsymbol{J}(\neq \phi) \subset \boldsymbol{N}$に対して，$S_J = \{(x, y) \mid \boldsymbol{x}_J = \boldsymbol{y}_J, \boldsymbol{x}_{J^c} > \boldsymbol{y}_{J^c}\}$は必ず定められる．

[補助定理 MA-2]

$f(x)=\sum_{j=0}^{n} a_j x^{d-1}$ を実係数 $a_j (j=0, 1, \cdots, n)$ の n 次多項式とし，$f(x)=0$ の最大実根を λ^* と表す．このとき，

$$\text{任意}\ x > \lambda^*\ \text{のに対して，}\ \mathrm{sgn}\{f(x)\} = \mathrm{sgn}(a_0).$$

MA. 3　非線形変換に関する Frobenius の定理

非線形変換 f に関する Frobenius の定理を導く準備として，以下の定理を示す．なお，[定理 MA-1] ～[定理 MA-3] の証明は，主として，上河・木村（1987）に依拠している．

[定理 MA-1]

(i)（NN）と（C）が成立すれば，実数集合 $\boldsymbol{L}_f$ は非負の最大要素（$\equiv \mu_f$）を持つ．

(ii) 非線形変換 $F: \boldsymbol{R}_+^n \to \boldsymbol{R}^n$ が，(NN) と (C) を満たし，任意の $\boldsymbol{x} \in S_n$ に対して，$F(\boldsymbol{x}) \geqq f(\boldsymbol{x})$ ならば，[$\boldsymbol{L}_F$ の最大要素]≧[$\boldsymbol{L}_f$ の最大要素]である．

(iii) 零要素をもつ半正ベクトルを $\boldsymbol{x}$ とし，f が (WM)，(I) および $f(\boldsymbol{0})=\boldsymbol{0}$ を満たせば，$x_k=0$ かつ $f_k(\boldsymbol{x})>0$ となる $k \in \boldsymbol{N}$ が存在する．

(証明)

(i) [補助定理 MA-1] により，S_n はコンパクト集合である．さらに，(C) により，各 $f_i(\boldsymbol{x}) (i=1, \cdots, n)$ は S_n 上で連続である．したがって，各 $f_i(\boldsymbol{x})$ は $\bar{\boldsymbol{y}}^i \in S_n$ において最大値を達成する[4]．また，(NN) から，任意の $\boldsymbol{x} \in S_n$ に対して，$f(\boldsymbol{x}) \geqq \boldsymbol{0} = 0 \cdot \boldsymbol{x}$，それゆえ，$0 \in \boldsymbol{L}_f \neq \phi$ となる．よって，

4) $\boldsymbol{L}_f$ が S_n についてだけ規定されているので，f の定義域を S_n に限定してもさしつかえない．一般に，$\boldsymbol{X}$ がコンパクト集合であるとき，連続関数 $g: \boldsymbol{X} \to \boldsymbol{R}$ は，$\boldsymbol{X}$ の範囲内で最大値および最小値を持つ．たとえば，竹内（1992；定理 8. 17, pp. 211-212）を参照．

任意の $\mu \in \boldsymbol{L}_f$ に応じて，$\mu \boldsymbol{x}^\mu \leqq f(\boldsymbol{x}^\mu)$ を満たす $\boldsymbol{x}^\mu \in \boldsymbol{S}_n$ が定まり，すべての $i \in \boldsymbol{N}$ に対して，

$$
\begin{aligned}
\mu x_i^\mu &\leqq f_i(\boldsymbol{x}^\mu) && [\cdots \mu \boldsymbol{x} \leqq f(\boldsymbol{x}) \\
&\leqq f_i(\bar{\boldsymbol{y}}^i) && [\cdots {}^\forall \boldsymbol{x} \in \boldsymbol{S}_n,\ {}^\forall i \in \boldsymbol{N},\ f_i(\boldsymbol{x}) \leqq f_i(\bar{\boldsymbol{y}}^i) \\
&\leqq \max_{i \in \boldsymbol{N}} f_i(\bar{\boldsymbol{y}}^i)
\end{aligned}
$$

が成立する．ただし，x_i^μ は，$\boldsymbol{x}^\mu$ の第 i 要素である．そこで，$\max_{i \in \boldsymbol{N}} f_i(\bar{\boldsymbol{y}}^i) = K$ と定め，上式を行列表示すれば，$\mu \boldsymbol{x}^\mu \leqq K \boldsymbol{l}^t$．さらに，この両辺に $\boldsymbol{l}$ を左乗することにより，$\mu \boldsymbol{l} \boldsymbol{x}^\mu \leqq \boldsymbol{l} \boldsymbol{l}^t K$ を得るが，$\boldsymbol{l} \boldsymbol{x}^\mu = 1$ および $\boldsymbol{l} \boldsymbol{l}^t = n$ を考慮すれば，結局，$\mu \leqq nK$ となる．それゆえ，［$\boldsymbol{L}_f$ の上限］$= \sup \boldsymbol{L}_f = \mu_f$ が存在し[5]，μ_f に収束する $\boldsymbol{L}_f$ の数列 $\{\mu_\gamma\}$ が作られる．また，$0 \in \boldsymbol{L}_f$ および上限の定義から，$\mu_f \geqq 0$ も明らかである．$\boldsymbol{L}_f$ の定義により，各 $\mu_\gamma \in \boldsymbol{L}_f$ に対応して，$\mu_\gamma \boldsymbol{x}^\gamma \leqq f(\boldsymbol{x}^\gamma)$ を満たす $\boldsymbol{x}^\gamma \in \boldsymbol{S}_n$ が定まるが，$\{\boldsymbol{x}^\gamma\}$ は，コンパクト集合 $\boldsymbol{S}_n$ の点列である．よって，$\{\boldsymbol{x}^\gamma\}$ は，$\boldsymbol{x}^f \in \boldsymbol{S}_n$ へ収束する部分点列 $\{\boldsymbol{x}^{\gamma_i}\}$ を持つ．そのとき，この $\{\boldsymbol{x}^{\gamma_i}\}$ に対応する $\{\mu_\gamma\}$ の部分列 $\{\mu_{\gamma_i}\}$ は，μ_f に収束し，しかも，任意の $i \in \boldsymbol{N}$ に対して，$\mu_{\gamma_i} \boldsymbol{x}^{\gamma_i} \leqq f(\boldsymbol{x}^{\gamma_i})$ が成立する．それゆえ，(C) により，

$$
\begin{aligned}
\mu_f \boldsymbol{x}^f &= \lim_{\gamma_i \to \infty} \mu_{\gamma_i} \boldsymbol{x}^{\gamma_i} \\
&\leqq \lim_{\gamma_i \to \infty} f(\boldsymbol{x}^{\gamma_i}) && [\cdots {}^\forall i \in \boldsymbol{N},\ \mu_{\gamma_i} \boldsymbol{x}^{\gamma_i} \leqq f(\boldsymbol{x}^{\gamma_i}) \\
&= f(\boldsymbol{x}^f).
\end{aligned}
$$

したがって，$0 \leqq \mu_f \in \boldsymbol{L}_f$ が $\boldsymbol{L}_f$ の最大要素となることが示された．

(ii)　(NN) と (C) により，(I) が適用可能となるので，$\boldsymbol{L}_F = \{\mu \in \boldsymbol{R} \mid {}^\exists \boldsymbol{x} \in \boldsymbol{S}_n \mid F(\boldsymbol{x}) \geqq \mu \boldsymbol{x}\}$ も最大要素 $= \mu_F$ を持つ．ゆえに，(i) の証明における μ_f と $\boldsymbol{x}^f$ に対して，

$$
\begin{aligned}
\mu_f &\leqq f(\boldsymbol{x}^f) && [\cdots (\mathrm{i}) \\
&\leqq F(\boldsymbol{x}^f) && [\cdots {}^\forall \boldsymbol{x} \in \boldsymbol{S}_n,\ f(\boldsymbol{x}) \leqq F(\boldsymbol{x})
\end{aligned}
$$

したがって，$\mu_f \in \boldsymbol{L}_f$ を得る．μ_F が $\boldsymbol{L}_F$ の最大要素であることを考慮すれ

5)　中山（1995；定理 2，p. 226）を参照．

ば，$\mu_f \leqq \mu_F$ は明らかである．

(iii) $\boldsymbol{x} \geq \boldsymbol{0}$ かつ $\boldsymbol{x} \not> \boldsymbol{0}$．ゆえに，$\boldsymbol{J}=\{j \in \boldsymbol{N} \mid x_i=0\}$ と定めれば，$\boldsymbol{J} \neq \phi$ および $\boldsymbol{J} \subset \boldsymbol{N}$ となる．よって，任意の $j \in \boldsymbol{J}$ に対して，

$$\text{(MA-1)} \qquad f_j(\boldsymbol{x}) \geqq f_j(\boldsymbol{0}) \qquad [\cdots(\mathrm{WM})$$
$$= 0 \qquad [\cdots f(\boldsymbol{0}) = \boldsymbol{0}$$

が成立する．一方，$\boldsymbol{J}$ の定義により，$\boldsymbol{x}_{\boldsymbol{J}}=\boldsymbol{0}$ かつ $\boldsymbol{x}_{\boldsymbol{J}^c}>\boldsymbol{0}$．したがって，(I) と (MA-1) により，$f_k(\boldsymbol{x})>f_k(\boldsymbol{0})=0$ を満たす $k \in \boldsymbol{J} \subset \boldsymbol{N}$ が存在する．

(証明終)

なお，今後，実数集合 $\boldsymbol{L}_f$ の非負の最大要素 $=\mu_f$ および μ_f に対応する $\boldsymbol{x}^f \in \boldsymbol{S}_n$ を，それぞれ，非線形変換 f の Frobenius 根 (Frobenius-root)，Frobenius ベクトル (Frobenius-vector) と呼ぶこととする．また，以下で述べられる [定理 MA-2] ～[定理 MA-4] を，非線形変換 f に関する Frobenius の定理と総称する．まず，[定理 MA-1] から，分解不能な非線形変換 f に関する Frobenius の定理を示そう．

[定理 MA-2]

非線形変換 f が，(NN)，(C)，(H)，(WM) および (I) を満たすとき，[定理 MA-1] の μ_f と $\boldsymbol{x}^f \in \boldsymbol{S}_n$ に関して，以下が成立する．

(i) $\mu_f \boldsymbol{x}^f = f(\boldsymbol{x}^f) > \boldsymbol{0}$．

(ii) $\mu \neq \mu_f$ ならば，$\mu \boldsymbol{x} = f(\boldsymbol{x})$ を満たす $\boldsymbol{x} \in \boldsymbol{S}_n$ は存在しない[6]．

(iii)

(iii-i) 同次性の次数 $m \in [0, 1)$ ならば，$\boldsymbol{x}^f$ は一義的である．

(iii-ii) $m=1$ ならば，$\boldsymbol{x}^f$ はそのスカラー倍を除いて一義的である．

(iv) $m=1$ かつ $\mu \neq \mu_f$ ならば，$\mu \boldsymbol{x} = f(\boldsymbol{x})$ を満たす $\boldsymbol{x} \geq \boldsymbol{0}$ は存在しない．

6) 換言すれば，$\mu \neq \mu_f$ のとき，任意の $\boldsymbol{x} \in \boldsymbol{S}_n$ に対して，$\mu \boldsymbol{x} \leq f(\boldsymbol{x})$ となる．より詳細にいえば，$\mu \boldsymbol{x} \leq f(\boldsymbol{x})$ は，任意の $\boldsymbol{x} \in \boldsymbol{S}_n$ に対して，$\mu \boldsymbol{x} \leqq f(\boldsymbol{x})$ かつ $\mu \boldsymbol{x} \neq f(\boldsymbol{x})$ から導かれる．

(証明)

(i)　$\mu_f \boldsymbol{x}^f = f(\boldsymbol{x}^f)$を示すため，$\mu_f \boldsymbol{x}^f \neq f(\boldsymbol{x}^f)$と仮定する．しかし，$\mu_f \in \boldsymbol{L}_f$，それゆえ，$\mu_f \boldsymbol{x}^f \leqq f(\boldsymbol{x}^f)$を考慮すれば，結局，仮定は，$\mu_f \boldsymbol{x}^f \leq f(\boldsymbol{x}^f)$となる．よって，$\boldsymbol{J} = \{j \in \boldsymbol{N} \mid \mu_f x_j^f < f_j(\boldsymbol{x}^f)\}$とおけば，$\boldsymbol{J} \neq \phi$.

$\boldsymbol{J} = \boldsymbol{N}$とすれば，$\mu_f \boldsymbol{x}^f < f(\boldsymbol{x}^f)$．したがって，$\tilde{\mu}_f \boldsymbol{x}^f \leqq f(\boldsymbol{x}^f)$を満たすような$\tilde{\mu}_f > \mu_f$を選ぶことができるが，これは［定理 MA-1；(i)］に反するので，$\boldsymbol{J} \subset \boldsymbol{N}$．また，任意の$j \in \boldsymbol{J}$に対して，関数$g_j(\boldsymbol{x})$を，

$$g_j(\boldsymbol{x}) = f_j(\boldsymbol{x}) - \mu_f x_j$$

と定めれば，$\boldsymbol{J}$の定義から，$g_j(\boldsymbol{x}^f) > 0$．さらに，(C)により，各$g_j$は連続となる．ゆえに，$j \in \boldsymbol{J}$あるいは$j \notin \boldsymbol{J}$に応じて，それぞれ$y_j > x_j^f$，$y_j = x_j^f$となる$\boldsymbol{y} = (y_1, \cdots, y_n)^t$を$\boldsymbol{x}^f$の十分近くに選べば，任意の$j \in \boldsymbol{J}$に対して，$\mu_f y_j < f_j(\boldsymbol{y})$．また，任意の$j \notin \boldsymbol{J}$に対しては，

$$\begin{aligned} \mu_f y_j &= \mu_j x_j^f & &[\cdots \boldsymbol{y}\text{の定義} \\ &= f_j(\boldsymbol{x}^f) & &[\cdots j \notin \boldsymbol{J} \\ &\leqq f_j(\boldsymbol{y}) & &[\cdots (\text{WM}) \end{aligned}$$

が成立し，特に，ある$k \notin \boldsymbol{J}$に対しては，

$$f_k(\boldsymbol{x}^f) \neq f_k(\boldsymbol{y}) \qquad [\cdots (\text{I})$$

となる．よって，この$k \notin \boldsymbol{J}$に関しては，$f_k(\boldsymbol{x}^f) < f_k(\boldsymbol{y})$が成立する．したがって，$\boldsymbol{J} = \{j \in \boldsymbol{N} \mid \mu_j x_j^f < f_j(\boldsymbol{x}^f)\}$と$\tilde{\boldsymbol{J}} = \{j \in \boldsymbol{N} \mid \mu_f y_j < f_j(\boldsymbol{y})\}$の要素の個数を比較すれば，$\#\boldsymbol{J} < \#\tilde{\boldsymbol{J}}$.

さらに，$1 = \boldsymbol{l}\boldsymbol{x}^f < \boldsymbol{l}\boldsymbol{y}$を考慮して，$\boldsymbol{w} = (\boldsymbol{l}\boldsymbol{y})^{-1}\boldsymbol{y}$と置けば，

$$\boldsymbol{w} \in \boldsymbol{S}_n \qquad [\cdots \boldsymbol{l}(\boldsymbol{l}\boldsymbol{y})^{-1}\boldsymbol{y} = (\boldsymbol{l}\boldsymbol{y})^{-1}(\boldsymbol{l}\boldsymbol{y}) = 1$$

および

$$\begin{aligned} f(\boldsymbol{w}) - \mu_f \boldsymbol{w} &= f[(\boldsymbol{l}\boldsymbol{y})^{-1}\boldsymbol{y}] - \mu_f(\boldsymbol{l}\boldsymbol{y})^{-1}\boldsymbol{y} & &[\cdots \boldsymbol{w}\text{の定義} \\ &= (\boldsymbol{l}\boldsymbol{y})^{-m} f(\boldsymbol{y}) - (\boldsymbol{l}\boldsymbol{y})^{-1}\mu_f \boldsymbol{y} & &[\cdots (\text{H}) \\ &= (\boldsymbol{l}\boldsymbol{y})^{-1}[(\boldsymbol{l}\boldsymbol{y})^{1-m} f(\boldsymbol{y}) - \mu_f \boldsymbol{y}] & &[\cdots -m = -1+1-m \\ &\geqq (\boldsymbol{l}\boldsymbol{y})^{-1}[f(\boldsymbol{y}) - \mu_f \boldsymbol{y}] & &[\cdots m \in [0, 1] \\ &\geq \boldsymbol{0}. \end{aligned}$$

ゆえに，$\hat{\boldsymbol{J}}=\{j\in\boldsymbol{N}\mid\mu_f w_j<f_j(\boldsymbol{w})\}$とすると，$\#\boldsymbol{J}<\#\tilde{\boldsymbol{J}}\leqq\#\hat{\boldsymbol{J}}$．ただし，$w_j$は$\boldsymbol{w}$の第$j$要素である．もし，$\mu_f w_j<f(\boldsymbol{w})$が成立しない場合には，$\boldsymbol{w}$を$\boldsymbol{x}^f$とみなし，上記と同様の手順を反復すれば，その都度，$\#\hat{\boldsymbol{J}}$は増加する．よって，一般性を失わず，$\mu_f\boldsymbol{w}<f(\boldsymbol{w})$としてさしつかえないが，これは［定理 MA-1；(i)］に反する．したがって，$\mu_j\boldsymbol{x}^f=f(\boldsymbol{x}^f)$が示された．

次に，$\mu_f\boldsymbol{x}=f(\boldsymbol{x})$を満たす$\boldsymbol{x}\geq\boldsymbol{0}$と$\mu$が存在するとしよう．このとき，(NN) により，$\mu\boldsymbol{x}=f(\boldsymbol{x})\geqq\boldsymbol{0}$が成立し，$\boldsymbol{x}\geq\boldsymbol{0}$なので，明らかに$\mu\geqq0$．さらに，$\boldsymbol{x}>\boldsymbol{0}$を示すため，$\boldsymbol{x}\not>\boldsymbol{0}$と仮定すれば，［定理 MA-1；(iii)］により，$x_i=0$かつ$f_i(\boldsymbol{x})>0$となる$i\in\boldsymbol{N}$が存在する．ゆえに，次の自己矛盾，

$$0=\mu x_i=f_i(\boldsymbol{x})>0$$

が導かれる．したがって，$\boldsymbol{x}>\boldsymbol{0}$．$\boldsymbol{x}^f\in\boldsymbol{S}_n$かつ$\mu\boldsymbol{x}^f=f(\boldsymbol{x}^f)$を考慮すれば，当然，$\boldsymbol{x}^f>\boldsymbol{0}$である．また，第$j(j=1,\cdots,n)$単位ベクトル$\boldsymbol{e}^j\in\boldsymbol{R}^n$に対して，

(MA-2) $$f(x_j^f\boldsymbol{e}^j)\geqq0 \qquad [\cdots(\mathrm{NN})$$

が示される．よって，任意の$j\in\boldsymbol{N}$に対して，

(MA-3) $$f_j(\boldsymbol{x}^f)>f_j(x_j^f\boldsymbol{e}^j) \qquad [\cdots(\mathrm{WM}),\ (\mathrm{I})$$
$$\geqq0. \qquad [\cdots(\mathrm{MA\text{-}2})$$

それゆえ，

$$\mu_f\boldsymbol{x}^f=f(\boldsymbol{x}^f)>\boldsymbol{0}. \qquad [\cdots(\mathrm{MA\text{-}3}),\ \mu_f\boldsymbol{x}^f=f(\boldsymbol{x}^f)$$

この結果と$\boldsymbol{x}^f>\boldsymbol{0}$を合わせれば，$\mu_f>0$も明らかである．

(ii) 結論を否定して，$\mu\neq\mu_f$およびある$\boldsymbol{x}\in\boldsymbol{S}_n$に対して，$\mu\boldsymbol{x}=f(\boldsymbol{x})$と仮定すれば，(i) の証明で示したように，$\boldsymbol{x}>\boldsymbol{0}$．そこで，$a=\max_{i\in\mathbf{N}}\left(\frac{x_i}{x_i^f}\right)=\frac{x_k}{x_k^f}$および$\boldsymbol{z}=\boldsymbol{x}-a\boldsymbol{x}^f$と定めよう．$\boldsymbol{x}>\boldsymbol{0}$かつ$\boldsymbol{x}^f>\boldsymbol{0}$により，$a>0$．また，$\boldsymbol{x}^f\in\boldsymbol{S}_n$により，$1=\boldsymbol{l}\boldsymbol{x}\geqq a(\boldsymbol{l}\boldsymbol{x}^f)=a$も明らかである．したがって，$a\in(0,1]$および$\boldsymbol{x}\geqq a\boldsymbol{x}^f$，それゆえ，$\boldsymbol{z}\geqq\boldsymbol{0}$．もし，すべての$j\in\boldsymbol{N}$に対して，$z_j>0$ならば，$x_j>ax_j^f$が成立し，$a=\frac{x_k}{x_k^f}$を代入することにより，$x_jx_k^f>x_kx_j^f$を得る．ここで，$j\in\boldsymbol{N}$は任意なので，$j=k$と選べば，$x_kx_k^f=x_kx_j^f$．これ

は，前記不等式に反するので，$z_i=0$ を満たす $i\in \boldsymbol{N}$ が存在する．よって，このi $i\in \boldsymbol{N}$ に対して，

$$
\begin{aligned}
0 &= \mu_f z_i & [\cdots z_i = 0\\
&= \mu_f(x_i - a x_i^f) & [\cdots \boldsymbol{z} \text{ の定義}\\
&= \mu_f x_i - a\mu_f x_i^f &\\
&> \mu x_i - a\mu_f x_i^f & [\cdots \mu \neq \mu_f,\ \mu \leqq \mu_f\\
&= f_i(\boldsymbol{x}) - a^{1-m}a^m \mu_f x_i^f & [\cdots a = a^{1-m}a^m\\
&= f_i(\boldsymbol{x}) - a^{1-m} f_i(a\boldsymbol{x}^f) & [\cdots (\mathrm{H})\\
&\geqq f_i(\boldsymbol{x}) - f_i(a\boldsymbol{x}^f) & [\cdots a\in(0,1],\ m\in[0,1]\\
&\geqq 0. & [\cdots (\mathrm{WM})
\end{aligned}
$$

これは，明らかに自己矛盾である．

(iii) $m\in[0,1)$ かつ $\mu_f \boldsymbol{x}=f(\boldsymbol{x})$ を満たす $\boldsymbol{x}^f$ とは異なる $\boldsymbol{x}\geq \boldsymbol{0}$ が存在すると仮定すれば，(i) の証明で述べられたように，$\boldsymbol{x}>\boldsymbol{0}$．したがって，(ii) の証明で定められた a と $\boldsymbol{z}$ を利用して，以下を得る．

(MA-4)
$$
\begin{aligned}
\mu_f \boldsymbol{z} &= \mu_f(\boldsymbol{x} - a\boldsymbol{x}^f) & [\cdots \boldsymbol{z} \text{ の定義}\\
&= f(\boldsymbol{x}) - a(\mu_f \boldsymbol{x}^f) & [\cdots \mu_f \boldsymbol{x} = f(\boldsymbol{x})\\
&= f(\boldsymbol{x}) - a^{1-m} f(a\boldsymbol{x}^f) & [\cdots (\mathrm{H})\\
&= f(\boldsymbol{z} + a\boldsymbol{x}^f) - a^{1-m} f(a\boldsymbol{x}^f) & [\cdots \boldsymbol{z} \text{ の定義}
\end{aligned}
$$

ここで，$\boldsymbol{x}$ が $\boldsymbol{x}^f$ に比例する，すなわち，$\boldsymbol{x}=b\boldsymbol{x}^f$ とすれば，$0<a=\dfrac{x_k}{x_k^f}=b$．また，$\boldsymbol{x}\neq\boldsymbol{x}^f$ により $a\neq 1$．よって，$\boldsymbol{x}=a\boldsymbol{x}^f$，それゆえ，$\boldsymbol{z}=\boldsymbol{x}-a\boldsymbol{x}^f=\boldsymbol{0}$ となる．したがって，

$$
\begin{aligned}
\boldsymbol{0} &= \mu_f \boldsymbol{z} & [\cdots \boldsymbol{z} = \boldsymbol{0}\\
&= f(a\boldsymbol{x}^f) - a^{1-m} f(a\boldsymbol{x}^f) & [\cdots (\text{MA-4})\\
&= (1 - a^{1-m}) f(a\boldsymbol{x}^f) & [\cdots \boldsymbol{z} = \boldsymbol{0}\\
&\neq \boldsymbol{0}
\end{aligned}
$$

$$
\left[\cdots
\begin{array}{l}
(1-a^{1-m}) \neq 0 \leftarrow a \neq 1,\ m < 1,\\
f(a\boldsymbol{x}^f) = a^m f(\boldsymbol{x}^f),\ f(\boldsymbol{x}^f) > 0,\ a > 0
\end{array}
\right.
$$

が導かれるが，これは自己矛盾である．ゆえに，$m\in[0,1)$ のとき，$\boldsymbol{x}$ は

$\boldsymbol{x}^f$ と比例しない．$m=1$ ならば，$\boldsymbol{x}^f$ に比例する $\boldsymbol{x}$ を除外して，$\boldsymbol{x}^f$ が一義的であることを示せばよい．そこで，以降では，$\boldsymbol{x}^f$ と比例しない $\boldsymbol{x}$ を考えるとともに，$m\in[0,1]$として，(iii-i) の残された結論と (iii-ii) を証明する．

もし，$\max_{i\in \mathrm{N}}\frac{x_i}{x_i^f}=a$ ならば，$\boldsymbol{x}$ は $\boldsymbol{x}^f$ と比例するから，$\max_{i\in \mathrm{N}}\frac{x_i}{x_i^f}>a$．それゆえ，$\boldsymbol{Q}=\{i\in \boldsymbol{N}\,|\,z_i=x_i-ax_i^f=0\}$ と定めれば，$\boldsymbol{Q}\neq\phi$ かつ $\boldsymbol{Q}\subset\boldsymbol{N}$．さらに，$a>1$ を示すため，$a\leqq 1$ とすると，任意の $i\in\boldsymbol{Q}$ に対して，

(MA-5)
$$\begin{aligned} 0 &= \mu_f z_i & [\cdots i\in\boldsymbol{Q} \\ &= f_i(\boldsymbol{z}+a\boldsymbol{x}^f)-a^{1-m}f_i(a\boldsymbol{x}^f) & [\cdots(\text{MA-4}) \\ &\geqq f_i(\boldsymbol{z}+a\boldsymbol{x}^f)-f_i(a\boldsymbol{x}^f) & [\cdots m\in[0,1] \\ &\geqq 0. & [\cdots(\text{WM}) \end{aligned}$$

よって，任意の $i\in\boldsymbol{Q}$ に対して，$f_i(\boldsymbol{z}+a\boldsymbol{x}^f)=f_i(a\boldsymbol{x}^f)$．他方，任意の $i\notin\boldsymbol{Q}$ に対しては，$\boldsymbol{Q}$ の定義および $\boldsymbol{z}\geqq\boldsymbol{0}$ により，$z_i>0$．よって，$z_i+ax_i^f>ax_i^f$．このとき，(I) は，ある $j\in\boldsymbol{Q}$ に対して，$f_i(\boldsymbol{z}+a\boldsymbol{x}^f)\neq f_i(a\boldsymbol{x}^f)$を意味し，(MA-5) に反する．したがって，$a>1$ となる．

さらに，$\tilde{a}=\max_{i\in\mathrm{N}}\frac{x_i}{x_i^f}$，$\tilde{\boldsymbol{z}}=\tilde{a}\boldsymbol{x}^f-\boldsymbol{x}$ および $\tilde{\boldsymbol{Q}}=\{i\in\boldsymbol{N}\,|\,\tilde{z}_i=0\}$ と定めれば，$\tilde{\boldsymbol{Q}}\neq\phi$ かつ $\tilde{\boldsymbol{Q}}\subset\boldsymbol{N}$，ここで，$\tilde{a}\leqq 1$ を示すため，$\tilde{a}>1$ とすると，$a\leqq 1$ における証明とまったく同様の議論によって，矛盾が生ずるので，$\tilde{a}\leqq 1$．

以上をまとめれば，$1\geqq\tilde{a}>a>1$ を得るが，これは再び自己矛盾である．したがって，(iii-i) および (iii-ii) が示された．

(iv) $m=1$ かつ $\mu\neq\mu_f$ のとき，ある $\boldsymbol{x}\geq\boldsymbol{0}$ に対して，$\mu\boldsymbol{x}=f(\boldsymbol{x})$が成立すれば，

(MA-6)
$$\boldsymbol{y}=(\boldsymbol{lx})^{-1}\boldsymbol{x}\in\boldsymbol{S}_n$$

および

(MA-7)
$$\begin{aligned} \mu(\boldsymbol{lx})\boldsymbol{y} &= \mu\boldsymbol{x} & [\cdots(\text{MA-6}) \\ &= f(\boldsymbol{x}) & [\cdots\mu\boldsymbol{y}=f(\boldsymbol{x}) \\ &= f[(\boldsymbol{lx})\boldsymbol{y}] & \\ &= \boldsymbol{lx}f(\boldsymbol{y}). & [\cdots(\text{H}),\ m=1 \end{aligned}$$

それゆえ,

(MA-8) $$\mu \boldsymbol{y} = f(\boldsymbol{y}).$$

しかし,(MA-8) が (ii) に反することは明らかである. (証明終)

[定理 MA-3]

非線形変換 f が,(NN),(C),(H) および (WM) を満たすならば,$\boldsymbol{L}_f$ の最大要素 $=\mu_f$ に対応して,$\mu_f \boldsymbol{y}^f = f(\boldsymbol{y}^f)$ となる $\boldsymbol{y}^f \in \boldsymbol{S}_n$ が定まる.

(証明) 関数を $G^v(\boldsymbol{x})$,

(MA-9) $$G^v(\boldsymbol{x}) = f(\boldsymbol{x}) + \left(\frac{1}{v}\right) \boldsymbol{U}\boldsymbol{x}^{(m)} \qquad (v = 1, 2, \cdots)$$

と定めれば,各 $G^v(\boldsymbol{x})\,(v=1, 2, \cdots)$ は,[定理 MA-2] の全条件を満足する.また,任意の $\boldsymbol{x} \in \boldsymbol{S}_n$ に対して,

(MA-10) $$G^v(\boldsymbol{x}) \geqq G^{v+1}(\boldsymbol{x}) \geqq f(\boldsymbol{x}) \qquad (v = 1, 2, \cdots) \qquad [\because \text{(MA-9)}$$

が成立する.そこで,$\max \boldsymbol{L}_{G^v} = \bar{\mu}_v$ と置けば,[定理 MA-2 ; (i)] により,ある $\bar{\boldsymbol{y}}^v \in \boldsymbol{S}_n$ が存在して,

(MA-11) $$0 < \bar{\mu}_v \bar{\boldsymbol{y}}^v = G^v(\bar{\boldsymbol{y}}^v).$$

また,すべての v に対して,

$$\bar{\mu}_v \geqq \bar{\mu}_{v+1} \geqq \mu_f. \qquad [\because \text{(MA-10)},\ [\text{定理 MA-1 ; (ii)}]$$

したがって,$\{\bar{\mu}_v\}$ は,下方に有界な単調非増加数列である.よって,$\{\bar{\mu}_v\}$ の各項を要素とする集合を $S\{\bar{\mu}_v\}$,$\inf S\{\bar{\mu}_v\}$ を $\bar{\mu}$ と表せば,

(MA-12) $$\lim_{v\to\infty} \bar{\mu}_v = \inf S\{\bar{\mu}_v\} = \bar{\mu}$$ [7]

さらに,コンパクト集合 $\boldsymbol{S}_n$ の点列 $\{\bar{\boldsymbol{y}}^v\}$ は,$\boldsymbol{y}^f \in \boldsymbol{S}_n$ に収束する部分点列 $\{\bar{\boldsymbol{y}}^{v_i}\}$ を持ち,

7) ある $\delta>0$ が存在して,任意の $\gamma \in \{1, 2, \cdots\}$ に対して,$\bar{\mu}+\delta \leqq \bar{\mu}_\gamma$ が成立するならば,$\bar{\mu} < \bar{\mu}+\delta \leqq \bar{\mu}_\gamma$.したがって,$\inf S(\bar{\mu}_\gamma) = \bar{\mu}$ とすると,任意の $\varepsilon>0$ に対して,$\bar{\mu}_{\gamma(\varepsilon)} < \bar{\mu}+\varepsilon$ を満たす $\bar{\mu}_{\gamma(\varepsilon)} \in S\{\bar{\mu}_\gamma\}$ が存在する.したがって,$\gamma \geqq \gamma(\varepsilon)$ のとき,$|\bar{\mu}-\bar{\mu}_\gamma| = \bar{\mu}_\gamma - \bar{\mu} \leqq \bar{\mu}_{\gamma(\varepsilon)} - \bar{\mu} < \varepsilon$.ゆえに,$\lim_{\gamma\to\infty} \bar{\mu}_\gamma = \bar{\mu}$.

(MA-13) $$\lim_{v_i\to\infty}\bar{\mu}_{v_i}=\bar{\mu}$$ [$\because$(MA-12)

が示される．そこで，各 G^v と f が (C) を満たすことおよび (MA-9) に留意すれば，

(MA-14)
$$\begin{aligned}\bar{\mu}\boldsymbol{y}^f &= \lim_{v_i\to\infty}\bar{\mu}_{v_i}\bar{\boldsymbol{y}}^{v_i} && [\because(\text{MA-13})\\ &= \lim_{v_i\to\infty}\left\{f(\bar{\boldsymbol{y}}^{v_i})+\left(\frac{1}{v_i}\right)\boldsymbol{U}\bar{\boldsymbol{y}}^{v_i(m)}\right\} && [\because(\text{MA-9}),\ (\text{MA-11})\\ &= f(\boldsymbol{y}^f).\end{aligned}$$

(MA-14) は，$\bar{\mu}\in\boldsymbol{L}_f$ を意味するので，$\bar{\mu}\leqq\mu_f$．他方，μ_f は，$\boldsymbol{S}\{\bar{\mu}_v\}$ の1つの下界であるから，$\mu_f\leqq\inf\boldsymbol{S}\{\bar{\mu}_v\}=\bar{\mu}$．したがって，$\mu_f=\bar{\mu}$ を得る．

(証明終)

以上の諸定理により，次の事実が導かれる．

[定理 MA-4]

非線形変換 f が，(NN)，(C)，(H) および (WM) を満たすとき，以下が成立する．

(i) $\mu_f=\lambda_f\geqq 0$

(ii) (＊) $\left[\begin{array}{l}\text{ある正整数 } p \text{ が存在し，すべての } \boldsymbol{x}\in\boldsymbol{S}_n \text{ に対して，}\\ f^p(\boldsymbol{x})=\overbrace{f(\cdots f}^{p}(\boldsymbol{x})))=\boldsymbol{0}\end{array}\right]\Rightarrow\lambda_f=0.$

(iii) (WM) を強化して，(M) とすれば，(＊) は，$\lambda_f=0$ であるための必要・十分条件となる．

(証明)

(i) (NN) と (C) が成立するとき，[定理 MA-1；(i)] により，$\boldsymbol{L}_f$ は最大要素 $\mu_f\geqq 0$ を持ち，さらに，(H) および (WM) を追加仮定すれば，[定理 MA-3] から，この μ_f に呼応して，$f(\boldsymbol{y})=\mu_f\boldsymbol{y}$ を満たす $\boldsymbol{y}\in\boldsymbol{S}_n$ が存在する．ゆえに，$\mu_f\in\boldsymbol{\Lambda}_f$．また，$\boldsymbol{L}_f$ と $\boldsymbol{\Lambda}_f$ の定義により，$\boldsymbol{\Lambda}_f\subseteq\boldsymbol{L}_f$ は明らかである．したがって，$\mu_f=\lambda_f$．

(ii)　(i) により，λ_f に対応して，$f(\boldsymbol{y})=\lambda_f\boldsymbol{y}$ となる $\boldsymbol{y}\in\boldsymbol{S}_n$ が定まるので，

$$f^p(\boldsymbol{y}) = \lambda_f^s\boldsymbol{y} \qquad \left(s = \sum_{t=0}^{p-1} m^t\right) \qquad [\cdots(\mathrm{H})$$

が成立する．上式と［定理 MA-4 ; (ii)］の（＊）により，

$$\boldsymbol{0} = f^p(\boldsymbol{y}) = \lambda_f^s\boldsymbol{y}$$

が導かれるが，$\boldsymbol{y}\geq\boldsymbol{0}$ により，$y_k>0$ となる $k\in\boldsymbol{N}$ が存在し，

$$0 = f_k^p(\boldsymbol{y}) = \lambda_f^s y_k.$$

ただし，$f_k^p(\boldsymbol{y})$は，$f^p(\boldsymbol{y})$の第 k 要素である．それゆえ，$\lambda_f=0$ を得る．

(iii)

（十分性）（M）は（WM）を意味するから，十分性は寧ろ自明である．

（必要性）

まず，$\boldsymbol{S}_n$ 中の任意の $\boldsymbol{y}>\boldsymbol{0}$ と，

(MA-15) $$f(\boldsymbol{y}) \leqq \theta\boldsymbol{y}$$

を満たす $\theta>0$ を選び，$f^p(\boldsymbol{y})=\boldsymbol{y}>\boldsymbol{0}$ と定める．(MA-15) に，(NN)，(H)，(M) および f^p の定義を適用すれば，

(MA-16) $$\boldsymbol{0} \leqq f^{s+1}(\boldsymbol{y}) \leqq \theta^{m^s}f^s(\boldsymbol{y}) \qquad (s = 0, 1, 2, \cdots).$$

さらに，簡略化のため，$f^s(\boldsymbol{y})$の第 $i\in\boldsymbol{N}$ 要素を $f_i^s(\boldsymbol{y})$で表すものとし，$\boldsymbol{N}_s=\{i\in\boldsymbol{N}\,|\,f_i^s(\boldsymbol{y})>0\}\,(s=0, 1, 2\cdots)$ と定めれば，

(MA-17) $$\boldsymbol{N}_s\supseteq\boldsymbol{N}_{s+1} \qquad (s = 0, 1, 2, \cdots).$$

定義により，$\boldsymbol{N}=\boldsymbol{N}_0\supseteq\boldsymbol{N}_1$ は当然．そこで，(MA-17) がすべての $s\geqq1$ に対して成立することを示すため，結論を否定すると，ある整数 $\bar{s}\geqq1$ に対して，$k\in\boldsymbol{N}_{\bar{s}+1}$ かつ $k\notin\boldsymbol{N}_{\bar{s}}$ となる $k\in\boldsymbol{N}$ が存在する．ゆえに，$\boldsymbol{N}_s$ の定義から，$f_k^{\bar{s}}(\boldsymbol{y})=0$ が成立し，これと (MA-16) および k が $\boldsymbol{N}_{\bar{s}+1}$ の要素であることから，以下の自己矛盾，

$$0 < f_k^{\bar{s}+1}(\boldsymbol{y}) \leqq \theta^{m^{\bar{s}}}f_k^{\bar{s}}(\boldsymbol{y}) = 0$$

を得る．

次に，$\boldsymbol{N}_n=\phi$ を導くため，$\boldsymbol{N}_n\neq\phi$ と仮定しよう．(MA-17) は，

(MA-18) $$\boldsymbol{N} = \boldsymbol{N}_0\supseteq\boldsymbol{N}_1\supseteq\boldsymbol{N}_2\supseteq\cdots\supseteq\boldsymbol{N}_{n-1}\supseteq\boldsymbol{N}_n$$

を意味し，また，$N_n \neq \phi$ であるから，$s \leqq n-1$ である限り，$N_s \neq \phi$. したがって，

$$\eta = \min_{i \in N_s} \frac{f_i^{s+1}(\boldsymbol{y})}{f_i^s(\boldsymbol{y})} = \frac{f_j^{s+1}(\boldsymbol{y})}{f_j^s(\boldsymbol{y})} \qquad (s = 0, 1, 2, \cdots, n-1)$$

と定めれば，(H) により，

$$\mu \boldsymbol{y} \leqq f(\boldsymbol{y}),$$

$$\boldsymbol{y} = \frac{f^s(\boldsymbol{y})}{\sum_{i=1}^{n} f_i^s(\boldsymbol{y})} \in \boldsymbol{S},$$

$$\mu = \eta \left(\sum_{i=1}^{n} f_i^s(\boldsymbol{y}) \right)^{1-m} \geqq 0.$$

明らかに，$\mu \in \boldsymbol{L}_f$. これと本定理 (i) および条件 $\lambda_f = 0$ から，

$$0 = \lambda_f = \mu_f \geqq \mu \geqq 0.$$

ゆえに，$\mu = 0$ および $\eta = 0 = \dfrac{f_j^{s+1}(\boldsymbol{y})}{f_j^s(\boldsymbol{y})} (s = 0, 1, 2, \cdots, n-1)$. よって，$j \in \boldsymbol{N}_s$ かつ $j \notin \boldsymbol{N}_{i+1} (s = 0, 1, 2, \cdots, n-1)$. したがって，

$$\boldsymbol{N} = \boldsymbol{N}_0 \supset \boldsymbol{N}_1 \supset \boldsymbol{N}_2 \supset \cdots \supset \boldsymbol{N}_{n-1} \supset \boldsymbol{N}_n$$

あるいは，

$$(\# \boldsymbol{N}_s - 1) \geqq \# \boldsymbol{N}_{s+1} \qquad (s = 0, 1, 2, \cdots, n-1).$$

しかるに，$\# \boldsymbol{N}_0 = \# \boldsymbol{N} = n$ だから，$\# \boldsymbol{N}_n = 0$，すなわち，$\boldsymbol{N}_n = \phi$ となり，背理法の仮定に反する．ゆえに，$\boldsymbol{N}_n = \phi$ からただちに $f^n(\boldsymbol{y}) = \boldsymbol{0}$ が導かれる．そこで，任意の $\boldsymbol{x} \geq \boldsymbol{0}$ に対して，$w = \max\limits_{j \in N} \dfrac{x_i}{y_i}$ と定めれば，$w > 0$ は，$\boldsymbol{x} \leqq w\boldsymbol{y}$ を満足する．よって，

$$\begin{aligned} \boldsymbol{0} &\leqq f^n(\boldsymbol{x}) && [\cdots \text{(NN)} \\ &\leqq w^{w^n} f^n(\boldsymbol{y}) && [\cdots \boldsymbol{x} \leqq w\boldsymbol{y},\ \text{(H)},\ \text{(M)} \\ &= \boldsymbol{0}. && [\cdots f^n(\boldsymbol{y}) = \boldsymbol{0} \end{aligned}$$

それゆえ，任意の $\boldsymbol{x} \geq \boldsymbol{0}$ に対して，$f^n(\boldsymbol{x}) = \boldsymbol{0}$ を得る．さらに，(MA-16) から，任意の正整数 $q \geqq n$ に対しても $f^q(\boldsymbol{x}) = \boldsymbol{0}$ が導かれる．また，(MA-18) と $\boldsymbol{N}_n = \phi$ を考慮すれば，

$$n = \# \boldsymbol{N}_0 \geqq \# \boldsymbol{N}_1 \geqq \# \boldsymbol{N}_2 \geqq \cdots \geqq \boldsymbol{N}_{n-1} \geqq \# \boldsymbol{N}_n = 0.$$

したがって，$\#\boldsymbol{N}_s(s=0,1,2\cdots,n-1)$の減少の仕方次第では，ある正整数 $p\leqq n-1$ に対して，$\#\boldsymbol{N}_p=0$．それゆえ，任意の $\boldsymbol{x}\geq\boldsymbol{0}$ に対して，$f^p(\boldsymbol{x})=\boldsymbol{0}$ となる可能性が生じ，この場合にも，任意の整数 $q\geqq p$ に対して，$f^q(\boldsymbol{x})=\boldsymbol{0}$ となることは当然である．

（証明終）

（［定理 MA-4］に関する注意）

① ［MA-4；(ii)］の（＊）は，［非線形変換 $f:\boldsymbol{R}^n_+\rightarrow\boldsymbol{R}^n$ の Frobenisu 根］＝［n 次元単体 $\boldsymbol{S}_n$ に属する点 $\boldsymbol{x}$ の f による像 $f(\boldsymbol{x})$ が，$\boldsymbol{x}$ のある実数倍以上となる集合の最大要素］を意味している．f が線形変換の場合には，（＊）は周知であるが，非線形変換の場合には，極めて明確には記述ないし証明されていないように思われるので，非線形変換に関しても成立することを明示した．

② Frobenisu 根 $\lambda_f=0$ となるための必要・十分条件［MA-4：(ii)］の（＊）は，その証明から明らかなように，次の（＊）'に強化される．

$$(*)' \quad \left[\begin{array}{l}\text{ある正整数 } p\leqq n \text{ が存在し，}\\ \text{任意の } \boldsymbol{x}\geq\boldsymbol{0} \text{ に対して，} f^p(\boldsymbol{x})=\boldsymbol{0}\\ \text{および}\\ \text{任意の正整数 } q\geqq p \text{ に対して，} f^q(\boldsymbol{x})=\boldsymbol{0}.\end{array}\right]$$

③ Nikaido (1968) の Theorem 10.3 (iii) (pp. 152 - 155) は，(NN)，(C)，(H)，(M) の 4 条件の下で，（＊）が $\mu_f=0$ であるための必要・十分条件であることを示し，次いで $\mu_f=\lambda_f$ を導出している．しかし，$\mu_f=0$ の証明のある段階（同次性の次数 ＝1 の場合）では，仮定された (M) の代わりに，(SM) が使用されている．一方，本定理では，(SM) に依拠することなく，(NN)，(C)，(H) および (M) の下で，Theorem 10.3 (iii) が完全に証明されることを示したので，特に，［定理 MA-4；(iii)］は，Nikaido の Theorem 10.3 の強化版といってよかろう．

さて，これまで一貫して，非線形変換 $f:\boldsymbol{R}^n_+\to\boldsymbol{R}^n$ を扱ってきたが，ここでは f の定義域として $\boldsymbol{R}^n$ ではなく $\boldsymbol{R}^n_+=\{\boldsymbol{x}\geqq\boldsymbol{0}\,|\,\boldsymbol{x}\in\boldsymbol{R}^n\}$ を選んだ理由について，付言しておこう．

[定理 MA-3] では，f が (H) を満足すると仮定しているが，そのとき，同次性の次数は $m\in[0,1]$ である．したがって，もし定義域が $\boldsymbol{R}^n$ ならば，$m\in(0,1)$ の場合，証明中で出現する $\boldsymbol{x}^{(m)}=(x_1^m,\cdots,x_n^m)^t$ が，その定義域内に収まらない可能性が生ずる[8]．これが，定義域を $\boldsymbol{R}^n_+$ とした主たる理由である．むろん，$m=1$（線形変換の場合も含まれる）に限定されれば，定義域を $\boldsymbol{R}^n$ に拡張しても，定理の主張に何ら支障はない．

MA. 4　線形変換に関する Frobenius の定理

前節までは，f を非線形変換として扱ってきたが，f が線形変換であれば，第 $j(j\in\boldsymbol{N})$ 単位ベクトル $\boldsymbol{e}^j$ の f による像 $f(\boldsymbol{e}^j)\equiv\boldsymbol{a}^j$ を第 j 列とする n 次正方行列 $\boldsymbol{A}$ を用いて，任意の $\boldsymbol{x}\in\boldsymbol{R}^n_+$ の f による像 $=f(\boldsymbol{x})$ を $\boldsymbol{A}\boldsymbol{x}$ と表せる．したがって，これまでの非線形変換 f に関する諸定理が，行列 $\boldsymbol{A}$ の固有値問題と密接に関連していることは，想像に難くない．

ただし，n 次正方行列 $\boldsymbol{A}$ を非負行列[9] とすれば，(NN)，(C)，(H)，(WM) の 4 条件は満足されるので，以下では，$\boldsymbol{A}$ を粗代替行列[10] として論じることにする．

[定理 MA-5]

$\boldsymbol{A}=[a_{ij}]$ を n 次粗代替行列，μ を $\boldsymbol{A}$ の任意の固有値とするとき，以下

---

8)　たとえば，$x_i<0(i\in\boldsymbol{N})$ ならば，x_i^m が複素数となる場合もあり得る．

9)　非負行列に関する Frobenius の定理は，小山 (1994，第 4 巻)，津野 (1994) に詳しい．

10)　各非対角要素 $\geqq 0$ である実正方行列．Metzler 行列ともいわれる．(C)，(H) および (WM) は満足されるが，(NN) は必ずしも充足されない．Metzler 行列については，Kemp and Kimura (1978)，Takayama (1991) 等を参照．

が成立する．

(i)　$\boldsymbol{A}$ のある実固有値 $\mu(\boldsymbol{A})$ に対して，半正の固有ベクトルが対応し，

$$\mu(\boldsymbol{A}) \geqq \mathrm{Re}(\mu) \quad および \quad \mu(\boldsymbol{A})+\max_{i\in \boldsymbol{N}}\{|a_{ii}|-a_{ii}\} \geqq |\mu|.$$

ただし，$\mathrm{Re}(\mu)$ は μ の実部を表す．

(ii)　$\boldsymbol{N}$ の任意の部分集合 $\boldsymbol{J}$ に対して，$\mu(\boldsymbol{A})\geqq\mu(\boldsymbol{A}_{JJ})$．

(iii)　任意の $\mu\geqq\mu(\boldsymbol{A})$ に対して，$f_{ij}(\mu)\geqq 0 \quad (i, j=1, \cdots, n)$

および

任意の $\mu>\mu(\boldsymbol{A})$ に対して，$f_{ii}(\mu)>0 \quad (i, j=1, \cdots, n)$．

ただし，$f(\mu) = \det(\mu \boldsymbol{I}_n-\boldsymbol{A})$，

$f_{ij}(\mu)$ は $(\mu\boldsymbol{I}_n-\boldsymbol{A})_{ij}$ の余因子，

$(\mu\boldsymbol{I}_n-\boldsymbol{A})_{ij}$ は $(\mu\boldsymbol{I}_n-\boldsymbol{A})$ の第 (i, j) 要素．

(iv)　$(\rho\boldsymbol{I}_n-\boldsymbol{A}^{-1})\geq[\boldsymbol{0}]$ と $\rho>\mu(\boldsymbol{A})$ とは互いに等価である．

(v)　$\mu(\boldsymbol{A})$ は $\mu\boldsymbol{x}\leqq\boldsymbol{A}\boldsymbol{x}$ が解 $\boldsymbol{x}\geq\boldsymbol{0}$ を持つような実数集合 $=\tilde{\boldsymbol{L}}_{\mathrm{A}}$ の最大要素である．

$$ただし，\quad \tilde{\boldsymbol{L}}_{\mathrm{A}} = \{\mu\in\boldsymbol{R}\,|\,{}^{\exists}\boldsymbol{x}\geq\boldsymbol{0}\,|\,\boldsymbol{A}\boldsymbol{x}\geqq\mu\boldsymbol{x}\}.$$

(vi)　$\boldsymbol{A}\boldsymbol{x}\geqq\boldsymbol{0}$ が解 $\boldsymbol{x}\geq\boldsymbol{0}$ を持つとき，かつこのときに限り，$\mu(\boldsymbol{A})\geqq 0$．

(証明)

(i)　$(d\boldsymbol{I}_n+\boldsymbol{A})\geqq[\boldsymbol{0}]$ を満たす $d\geqq 0$ を選べば，［定理 MA-3］により，$\max \boldsymbol{L}_{(d\mathrm{I}_n+\mathrm{A})}\equiv\bar{\mu}$ に応じて，$\bar{\mu}\bar{\boldsymbol{x}}=(d\boldsymbol{I}_n+\boldsymbol{A})\bar{\boldsymbol{x}}$ となる $\bar{\boldsymbol{x}}\geq\boldsymbol{0}$ が定められる．ゆえに，$\mu(\boldsymbol{A})=(\bar{\mu}-d)$ と置けば，$\mu(\boldsymbol{A})$ は $\boldsymbol{A}$ の実固有値で，$\bar{\boldsymbol{x}}\geq\boldsymbol{0}$ が $\mu(\boldsymbol{A})$ に対応する固有ベクトルである．さらに，$\boldsymbol{x}$ を μ に対応する $\boldsymbol{A}$ の固有列ベクトルとすると，

$$(\mu+d)\boldsymbol{x} = (d\boldsymbol{I}_n+\boldsymbol{A})\boldsymbol{x}. \qquad [\because \mu\boldsymbol{x} = \boldsymbol{A}\boldsymbol{x}$$

よって，

$$\boldsymbol{y} = (\boldsymbol{l}/\boldsymbol{x}/)^{-1}/\boldsymbol{x}/\in \boldsymbol{S}_n$$

および

$$|\mu+d|\,\boldsymbol{y} \leqq (d\boldsymbol{I}_n+\boldsymbol{A})\,\boldsymbol{y}.$$

したがって，以下を得る．

(MA-19)
$$\begin{aligned}\mu(\boldsymbol{A}) &= \bar{\mu}-d & &[\cdots\bar{\mu}(\boldsymbol{A})\text{の定義}\\ &\geqq |\mu+d|-d & &[\cdots\bar{\mu}\geqq|\mu+d|\\ &\geqq \mathrm{Re}(\mu+d)-d & &\\ &= \mathrm{Re}(\mu).\end{aligned}$$

次に，$\boldsymbol{A}$ の対角要素 $=a_{ii}(i\in\boldsymbol{N})$ の符号に着眼し，$\boldsymbol{J}=\{j\in\boldsymbol{N}\,|\,a_{jj}<0\}$ と定め，$\boldsymbol{J}=\phi$ か否かに応じて，残る結論を示そう．

（ア） $\boldsymbol{J}=\phi\cdots\boldsymbol{A}\geqq[\boldsymbol{0}]$ となるので，$(0\cdot\boldsymbol{I}_n+\boldsymbol{A})\geqq[\boldsymbol{0}]$．ゆえに，(MA-19) における $d=0$ と置くことにより，

(MA-20)
$$\begin{aligned}\mu(\boldsymbol{A})+\max_{i\in\boldsymbol{N}}\{|a_{ii}|-a_{ii}\} &= \mu(\boldsymbol{A}) & &[\cdots{}^{\forall}i\in\boldsymbol{N},\ |a_{ii}|-a_{ii}=0\\ &\geqq|\mu|\end{aligned}$$

を得る．

（イ） $\boldsymbol{J}\neq\phi\cdots$任意の $j\in\boldsymbol{J}$ に対して，$\{|a_{jj}|-a_{jj}\}=2|a_{jj}|>0$．そこで，$d=\max_{j\in\boldsymbol{N}}|a_{jj}|=|a_{kk}|$ と定めれば，$(d\boldsymbol{I}_n+\boldsymbol{A})\geqq[\boldsymbol{0}]$．よって，

(MA-21)
$$\begin{aligned}\mu(\boldsymbol{A}) &\leqq |\mu+d|-d & &[\cdots(\text{MA-19})\\ &\geqq |\mu|-|d|-d & &[\cdots|\mu+d|\geqq|\mu|-|d|\\ &= |\mu|-2|a_{kk}|. & &[\cdots d\ \text{の定義}\end{aligned}$$

また，直接計算により，

(MA-22)
$$\begin{aligned}\max_{i\in\boldsymbol{N}}\{|a_{ii}|-a_{ii}\} &= \max\{2\max_{j\in\boldsymbol{J}}|a_{jj}|,0\} & &[\cdots\max_{j\in\mathbf{J}^c}\{|a_{jj}|-a_{jj}\}=0\\ &= 2|a_{kk}|.\end{aligned}$$

したがって，(MA-21) と (MA-22) から，

(MA-23)
$$\begin{aligned}\mu(\boldsymbol{A})+\max_{i\in\boldsymbol{N}}\{|a_{ii}|-a_{ii}\} &= \mu(\boldsymbol{A})+2|a_{kk}| & &[\cdots(\text{MA-22})\\ &\geqq|\mu|-2|a_{kk}|+2|a_{kk}| & &[\cdots(\text{MA-21})\\ &=|\mu|.\end{aligned}$$

(MA-20) と (MA-23) を合わせれば，求める結論を得る．

(ii) $\boldsymbol{J}=\boldsymbol{N}$ の場合には，自明なので，$\boldsymbol{J}\subset\boldsymbol{N}$ とする．$(d\boldsymbol{I}_n+\boldsymbol{A})\geqq[\boldsymbol{0}]$ を満たす適当な $d\geqq0$ を選び，n 次正方行列 $\boldsymbol{B}$ を，

$$\boldsymbol{B}=\begin{bmatrix} d\boldsymbol{I}_J+\boldsymbol{A}_{JJ} & \boldsymbol{0} \\ \boldsymbol{0} & \boldsymbol{0} \end{bmatrix}$$

と定めれば，［定理 MA-3］により，$\max \boldsymbol{L}_{(d\boldsymbol{I}_J+\boldsymbol{A}_{JJ})}=\mu_J$ に応じて，$\boldsymbol{x}_J \in \boldsymbol{S}_{\#J}$ が存在し，$\mu_J \boldsymbol{x}_J=(d\boldsymbol{I}_J+\boldsymbol{A}_{JJ})\boldsymbol{x}_J$ が成立する．さらに，$\boldsymbol{x}^t=(\boldsymbol{x}_J^t \quad \boldsymbol{0})$ と定めれば，$\boldsymbol{x}\in \boldsymbol{S}_n$ かつ $\mu_J \boldsymbol{x}=\boldsymbol{B}\boldsymbol{x}$．よって，

(MA-24) $$\mu_J \leqq \max \boldsymbol{L}_{\boldsymbol{B}}.$$

一方，$(d\boldsymbol{I}_n+\boldsymbol{A})\geqq[\boldsymbol{0}]$ および $\boldsymbol{B}$ の定義から，任意の $\boldsymbol{y}\geqq\boldsymbol{0}$ に対して，$(d\boldsymbol{I}_n+\boldsymbol{A})\boldsymbol{y}\geqq\boldsymbol{B}\boldsymbol{y}$ となるので，［定理 MA-1；(ii)］により，

(MA-25) $$\max \boldsymbol{L}_{\boldsymbol{B}} \leqq \max \boldsymbol{L}_{(d\boldsymbol{I}_n+\boldsymbol{A})}$$

を得る．そこで，$\max \boldsymbol{L}_{(d\boldsymbol{I}_n+\boldsymbol{A})}=\bar{\mu}$ とすると，(MA-24) および (MA-25) から，ただちに，

(MA-26) $$\mu_J \leqq \bar{\mu}.$$

また，μ_J の定義により，$(\mu_J-d)\boldsymbol{x}_J=\boldsymbol{A}_{JJ}\boldsymbol{x}_J$ かつ $\boldsymbol{x}_J\geqq\boldsymbol{0}$．すなわち，$(\mu_J-d)$ は $\boldsymbol{A}_{JJ}$ の1つの固有値であるから，

$$\mu_J-d \leqq \bar{\mu}-d.$$

ゆえに，$\mu(\boldsymbol{A})=\bar{\mu}-d$ と置けば，$\boldsymbol{N}$ の任意の真部分集合 $\boldsymbol{J}\subset\boldsymbol{N}$ に対して，$\mu(\boldsymbol{A})\geqq\mu(\boldsymbol{A}_{JJ})$ が示される．

(iii) $\boldsymbol{A}$ の次数 n に関する帰納法で証明する．

まず，$n=2$ の場合を示す．$\mu(\boldsymbol{A})=\frac{1}{2}\left[(a_{11}+a_{22})+\sqrt{(a_{11}-a_{22})^2+4a_{12}a_{21}}\right]$ と定めれば，確かに，$\det(\mu(\boldsymbol{A})\boldsymbol{I}_2-\boldsymbol{A})=0$．$\mu(\boldsymbol{A})$ の定義により，任意の $i\in\{1,2\}$ に対して，

(MA-27)
$$\begin{aligned} f_{ii}[\mu(\boldsymbol{A})] &= \mu(\boldsymbol{A})-a_{jj} \\ &= \frac{1}{2}\left[(-1)^j(a_{11}-a_{22})+\sqrt{(a_{11}-a_{22})^2+4a_{12}a_{21}}\right] \\ &\geqq 0 \qquad (j=1,2). \end{aligned}$$

また，任意の $\mu>\mu(\boldsymbol{A})$ に対して，

(MA-28) $$f_{ii}(\mu)-f_{ii}[\mu(\boldsymbol{A})]=\mu-\mu(\boldsymbol{A})>0.$$

ゆえに，任意の $\mu>\mu(\boldsymbol{A})$ に対して，

$$f_{ii}(\mu) > f_{ii}[\mu(\boldsymbol{A})] \qquad [\cdots(\text{MA-28})$$

$$\geqq 0 \qquad (j=1,2) \qquad [\cdots(\text{MA-27})$$

を得る．さらに，任意の相異なる $i, j \in \{1, 2\}$ に対して，$f_{ij}(\mu)=a_{ji} \geqq 0$ も明らかなので，(iii) が示される．

次に，$(n-1)$ 次までは，(iii) が成立すると仮定しよう．また，$M_{kj}^{i}(\mu)$ は $f_{ii}(\mu)$ の $(\delta_{kj}-a_{kj})$ に関する余因子を表すとする．ただし，δ_{kj} は，Kronecker のデルタ，すなわち，$k \neq j (k=j)$ ならば，$\delta_{kj}=0 (\delta_{kj}=1)$ とする．このとき，$f_{ij}(\mu)$ の余因子展開から，

(MA-29) $$f_{ij}(\mu) = \sum_{k \neq i} a_{kj} M_{kj}^{i}(\mu) \qquad (i \neq j\,;\, i=1, \cdots, n).$$

他方，$f(\mu)$ を第 i 行について展開すれば，

(MA-30) $$\begin{aligned} f(\mu) &= \det(\mu \boldsymbol{I}_n - \boldsymbol{A}) \\ &= \sum_{j=1}^{n} (\mu \boldsymbol{I}_n - \boldsymbol{A})_{ij} f_{ij}(\mu) \\ &= (\mu - a_{ii}) f_{ii}(\mu) - \sum_{j \neq i} a_{ij} f_{ij}(\mu). \end{aligned}$$

$$\left[\cdots \mu \boldsymbol{I}_n - \boldsymbol{A} = \begin{cases} \mu - a_{ii} & (i=j) \\ -a_{ij} \leqq 0 & (i \neq j) \end{cases}\right.$$

ゆえに，(MA-29) を (MA-30) に代入し，(MA-31) を得る．

(MA-31) $$f(\mu) = (\mu - a_{ii}) f_{ii}(\mu) - \sum_{k, j \neq i} a_{ij} a_{ki} M_{kj}^{i}(\mu).$$

また，帰納法の仮定により，$f_{ii}(\mu)=0$ は，(iii) を満たす実根 $\tilde{\mu}_i$ を持つので，

(MA-32) $$\begin{aligned} f(\tilde{\mu}_i) &= -\sum_{k, j \neq i} a_{ij} a_{ki} M_{kj}^{i}(\tilde{\mu}_i) \qquad [\cdots(\text{MA-31}) \\ &\leqq 0. \end{aligned}$$

$\boldsymbol{A}$ が実固有値を持つことを示すため，$f(\mu)=0$ が実根を持たないとすれば，任意の $\mu \in \boldsymbol{R}$ に対して，

$$f(\mu) = \prod_{j} |\mu - \mu_{2j-1}|^2 > 0$$

が成立する．しかし，これは (MA-32) に反するので，$\boldsymbol{A}$ は実固有値を持つ．そこで，$\mu(\boldsymbol{A})$ を $\boldsymbol{A}$ の最大実固有値とすると，任意の i に対して，

$\mu(\boldsymbol{A}) \geqq \tilde{\mu}_i$. 一方，［補助定理MA-2］から，$f(\tilde{\mu}_i)>0$ となるが，これは，再び，(MA-32) に反する．ゆえに，帰納法の仮定および (MA-29) から，

(MA-33) 任意の $\mu \geqq \mu(\boldsymbol{A})$ に対して，

$$f_{ij}(\mu) = \sum_{k \neq i} a_{kj} M_{kj}^{i}(\mu) \geqq 0 \qquad (i \neq j).$$

さらに，任意の $i \in \boldsymbol{N}$ に対して，$\tilde{\mu}_i$ が $f_{ii}(\mu)=0$ の最大実根であること，および任意の $i \in \boldsymbol{N}$ に対して，$\mu(\boldsymbol{A}) \geqq \tilde{\mu}_i$ が成立することを考慮すれば，再び［補助定理MA-2］により，

任意の $\mu \geqq \mu(\boldsymbol{A})$ に対して，$f_{ii}(\mu) \geqq 0 \qquad (i = 1, \cdots, n)$

(MA-34) および

任意の $\mu > \mu(\boldsymbol{A})$ に対して，$f_{ii}(\mu) > 0 \qquad (i = 1, \cdots, n)$.

ゆえに，(MA-33) と (MA-34) から，結論は明らかである．

(iv)

<u>$((\rho \boldsymbol{I}_n - \boldsymbol{A})^{-1} \geq [\boldsymbol{0}] \Rightarrow \rho > \mu(\boldsymbol{A}))$</u> $(\rho \boldsymbol{I}_n - \boldsymbol{A})^{-1} \geq [\boldsymbol{0}]$ かつ $\rho \leqq \mu(\boldsymbol{A})$ と仮定する．(i) により，$\mu(\boldsymbol{A})$ に対応し，固有ベクトル $\bar{\boldsymbol{x}} \geq \boldsymbol{0}$ が定まるので，$(\rho \boldsymbol{I}_n - \boldsymbol{A})^{-1} \bar{\boldsymbol{x}} \geqq \boldsymbol{0}$. もし，$(\rho \boldsymbol{I}_n - \boldsymbol{A})^{-1} \bar{\boldsymbol{x}} = \boldsymbol{0}$ とすると，$\bar{\boldsymbol{x}} \geq \boldsymbol{0}$ なので，$(\rho \boldsymbol{I}_n - \boldsymbol{A})^{-1}$ の正則性に反する．したがって，

(MA-35) $$(\rho \boldsymbol{I}_n - \boldsymbol{A})^{-1} \bar{\boldsymbol{x}} \geq \boldsymbol{0}$$

および

(MA-36)
$$\begin{aligned} \boldsymbol{0} \leq \bar{\boldsymbol{x}} &= (\rho \boldsymbol{I}_n - \boldsymbol{A})^{-1} (\rho \boldsymbol{I}_n - \boldsymbol{A}) \bar{\boldsymbol{x}} \\ &= (\rho \boldsymbol{I}_n - \boldsymbol{A})^{-1} [(\rho - \mu(\boldsymbol{A})) \boldsymbol{I}_n + (\mu(\boldsymbol{A}) \boldsymbol{I}_n - \boldsymbol{A})] \bar{\boldsymbol{x}} \\ &= (\rho - \mu(\boldsymbol{A}))(\rho \boldsymbol{I}_n - \boldsymbol{A})^{-1} \bar{\boldsymbol{x}}. \qquad [\cdots \boldsymbol{A} \bar{\boldsymbol{x}} = \mu(\boldsymbol{A}) \bar{\boldsymbol{x}} \end{aligned}$$

ゆえに，

(MA-37)
$$\begin{aligned} \boldsymbol{0} \leq \bar{\boldsymbol{x}} &= (\rho - \mu(\boldsymbol{A}))(\rho \boldsymbol{I}_n - \boldsymbol{A})^{-1} \bar{\boldsymbol{x}} \qquad [\cdots (\text{MA-36}) \\ &\leqq \boldsymbol{0} \qquad [\cdots (\text{MA-35}),\ \rho \leqq \mu(\boldsymbol{A}) \end{aligned}$$

を得るが，これは自己矛盾である．

<u>$((\rho \boldsymbol{I}_n - \boldsymbol{A})^{-1} \geq [\boldsymbol{0}] \Leftarrow \rho > \mu(\boldsymbol{A}))$</u> $\rho > \mu(\boldsymbol{A})$ ならば，

(MA-38) $$\phi(\rho) \equiv \det(\rho \boldsymbol{I}_n - \boldsymbol{A}) \neq 0^{11)} \qquad [\cdots (\text{i})$$

また，任意の $\rho \geqq \mu(\boldsymbol{A})$ に対して，

$$\psi'(\rho) = \sum_{i=1}^{n} \det\left[\rho \boldsymbol{I}_n - \boldsymbol{A}\begin{pmatrix} i \\ i \end{pmatrix}\right] \geqq 0. \tag{MA-39}$$
[…(iii)

ただし，(MA-39) の等号は，成立するとしても，$\rho=\mu(\boldsymbol{A})$ のときに限られる．したがって，$\psi(\rho)$ は，$\rho \geqq \mu(\boldsymbol{A})$ に関して単調非減少，$\psi(\mu(\boldsymbol{A}))=0$，および任意の $\rho>\mu(\boldsymbol{A})$ に対して，$\psi(\rho)\neq 0$ が導かれる．ゆえに，すべての $\rho>\mu(\boldsymbol{A})$ に対して，$\psi(\rho)>0$ が成立する．

上記事実と (iii) を合わせれば，$\rho>\mu(\boldsymbol{A})$ の下で，$(\rho \boldsymbol{I}_n - \boldsymbol{A})^{-1} \geq [\boldsymbol{0}]$ が保証される．

(v) ある $\mu>\mu(\boldsymbol{A})$ に対して，$\mu \boldsymbol{x} \leqq \boldsymbol{A}\boldsymbol{x}$ を満たす $\boldsymbol{x} \geq \boldsymbol{0}$ が存在するならば，次の自己矛盾を得る．

$$\begin{aligned} \boldsymbol{0} &\geqq (\mu \boldsymbol{I}_n - \boldsymbol{A})^{-1}[(\mu \boldsymbol{I}_n - \boldsymbol{A})\boldsymbol{x}] \\ &= \boldsymbol{x} \\ &\geq \boldsymbol{0}. \end{aligned}$$
[…(iv)

ゆえに，任意の $\mu \in \tilde{\boldsymbol{L}}_A$ に対して，$\mu \leqq \mu(\boldsymbol{A})$．一方，(i) により，ある $\bar{\boldsymbol{x}} \geq \boldsymbol{0}$ に対して，$\mu(\boldsymbol{A})\bar{\boldsymbol{x}}=\boldsymbol{A}\bar{\boldsymbol{x}}$．それゆえ，$\mu(\boldsymbol{A}) \in \tilde{\boldsymbol{L}}_A$ も示された．

(vi)

<u>($^{\exists}\boldsymbol{x} \geq \boldsymbol{0} \,|\, \boldsymbol{A}\boldsymbol{x} \geqq \boldsymbol{0} \Rightarrow \mu(\boldsymbol{A}) \geqq 0$)</u>　$\boldsymbol{A}\boldsymbol{x} \geqq \boldsymbol{0}$ は解 $\boldsymbol{x} \geq \boldsymbol{0}$ を持つが，$\mu(\boldsymbol{A})<0$ と仮定する．このとき，(iv) の $\rho=0$ と置けば，

$$(0\cdot \boldsymbol{I}_n - \boldsymbol{A})^{-1} = -\boldsymbol{A}^{-1} \geq [\boldsymbol{0}]. \tag{MA-40}$$

ゆえに，以下の自己矛盾，

$$\begin{aligned} \boldsymbol{0} &\leqq -\boldsymbol{A}^{-1}\boldsymbol{A}\boldsymbol{x} && [\cdots \text{(MA-40)},\ \boldsymbol{A}\boldsymbol{x} \geqq \boldsymbol{0} \\ &= -\boldsymbol{x} \\ &\leq \boldsymbol{0} && [\cdots \boldsymbol{x} \geq \boldsymbol{0} \end{aligned}$$

が導かれる．

<u>($^{\exists}\boldsymbol{x} \geq \boldsymbol{0} \,|\, \boldsymbol{A}\boldsymbol{x} \geqq \boldsymbol{0} \Leftarrow \mu(\boldsymbol{A}) \geqq 0$)</u>　$\mu(\boldsymbol{A}) \geqq 0$ ならば，(i) により，ある $\boldsymbol{x} \geq \boldsymbol{0}$ が

---

11)　(i) により，μ が実固有値ならば，$\mu=\mathrm{Re}(\mu)$．ゆえに，$\mu(\boldsymbol{A}) \geqq \mathrm{Re}(\mu)=\mu$ が成立し，$\mu(\boldsymbol{A})$ は $\boldsymbol{A}$ の最大実固有値となる．したがって，$\rho>\mu(\boldsymbol{A})$ のとき，$\psi(\rho)\neq 0$．

存在して，$\boldsymbol{A}\bar{\boldsymbol{x}}=\mu(\boldsymbol{A})\bar{\boldsymbol{x}}\geqq\boldsymbol{0}$ が成立する．

(証明終)

([定理 MA-5] に関する注意)：$f(\boldsymbol{x})=\boldsymbol{A}\boldsymbol{x}$ と置いたとき，[定理 MA-1] における $\boldsymbol{L}_f=\boldsymbol{L}_A=\{\mu\in\boldsymbol{R}\,|\,{}^{\exists}\boldsymbol{x}\in\boldsymbol{S}_n\,|\,\boldsymbol{A}\boldsymbol{x}\geqq\mu\boldsymbol{x}\}$ と表され，この $\boldsymbol{L}_A$ が本定理 (v) の $\tilde{\boldsymbol{L}}_A$ と一致することは，明らかである．しかし，粗代替行列 $\boldsymbol{A}$ は，必ずしも (NN) を満足しないので，$\mu(\boldsymbol{A})\geqq 0$ は保証されない．よって，(v) の主張は，[定理 MA-1；(i)] の結論の一部にすぎないことには注意すべきである．また，本定理の $\mu(\boldsymbol{A})$ に応ずる $\boldsymbol{A}$ の半正固有ベクトル $\bar{\boldsymbol{x}}$ は，その証明過程で示されるように，[定理 MA-1]，[定理 MA-2] の $\boldsymbol{x}^f$，[定理 MA-3] の $\boldsymbol{y}^f$ に対応する．したがって，以降は，$\mu(\boldsymbol{A})$ と $\bar{\boldsymbol{x}}$ を，それぞれ，粗代替行列 $\boldsymbol{A}$ の Frobenius 根および Frobenius ベクトルと呼び，μ_A，$\boldsymbol{x}^A$ と表すことにしよう．

粗代替行列 $\boldsymbol{A}$ が分解不能なとき，[定理 MA-5] は，以下の定理に強化される．ただし，線形変換の分解不能性は，次のように定められる．

〈定義 MA-1〉(分解不能)

$\boldsymbol{A}$ は n 次正方行列とする．$\boldsymbol{N}=\{1,\cdots,n\}$ の任意の非空な真部分集合 $\boldsymbol{J}$ に対して，$a_{i_0j_0}\neq 0$ を満たす $i_0\in\boldsymbol{J}$ および $j_0\in\boldsymbol{J}^c$ が存在するとき，$\boldsymbol{A}$ は分解不能 (indecomposable) といわれる．

〈定義 MA-2〉(分解可能)

n 次正方行列 $\boldsymbol{A}$ が分解不能でないとき，すなわち，$\boldsymbol{N}=\{1,\cdots,n\}$ の非空な真部分集合 $\boldsymbol{J}$ が存在し，任意の $i\in\boldsymbol{J}$ および $j\in\boldsymbol{J}^c$ に対して，$a_{ij}=0$ であるとき，$\boldsymbol{A}$ は分解可能 (decomposable) といわれる．

[定理 MA-6]

n 次粗代替行列 $\boldsymbol{A}$ が分解不能ならば，以下が成立する．

(i) $\boldsymbol{x}^A > \boldsymbol{0}$.

(ii) $\mathrm{rank}(\mu_A \boldsymbol{I}_n - \boldsymbol{A}) = n-1$.

(iii) $adj(\mu_A \boldsymbol{I}_n - \boldsymbol{A}) > \boldsymbol{0}$.

(iv) $\mu_A > \mu_{A\binom{i}{i}} \quad (i=1, \cdots, n)$.

(v) μ_A は $\boldsymbol{A}$ の固有方程式，$\varphi(\mu_A) = \mathrm{dex}(\mu_A \boldsymbol{I}_n - \boldsymbol{A}) = 0$ の単根である．

(vi) $\rho > \mu_A$ と $(\rho \boldsymbol{I}_n - \boldsymbol{A})^{-1} > [\boldsymbol{0}]$ とは，互いに等価である．

(vii) $\boldsymbol{Ax} > \boldsymbol{0}$ が解 $\boldsymbol{x} \geq \boldsymbol{0}$ を持つとき，かつこのときに限り，$\mu_A > 0$.

(証明)

(i) $\boldsymbol{B} = [d\boldsymbol{I}_n + \boldsymbol{A}]$ と定め，$\boldsymbol{B} \geqq [\boldsymbol{0}]$ を満たす $d \geqq 0$ を適当に選び，それを固定して考える．もし，$\boldsymbol{B}$ が分解可能ならば，$\boldsymbol{N}$ の非空な真部分集合 $\boldsymbol{J}$ が存在して，$\boldsymbol{A}_{JJ^c} = [\boldsymbol{0}]$. しかし，これは，仮定された $\boldsymbol{A}$ の分解不能性に反するので，$\boldsymbol{B}$ は分解不能である．ゆえに，[定理 MA-2] を $\boldsymbol{B}$ へ適用することが可能となる．したがって，[定理 MA-2] の μ_f および $\boldsymbol{x}^f > \boldsymbol{0}$ を，それぞれ μ_B，$\boldsymbol{x}^B$ と表し，[定理 MA-5；(i)] の証明を考慮すれば，$\mu_A = \mu_B - d$ かつ $\boldsymbol{x}^A = \boldsymbol{x}^B > \boldsymbol{0}$.

(ii) [定理 MA-2；(iii)] により，$(\mu_A \boldsymbol{I}_n - \boldsymbol{A})\boldsymbol{x} = \boldsymbol{0}$ は，1 個のベクトル $\boldsymbol{x}^A$ から成る基本解を持つ．したがって，$\mathrm{rank}(\mu_A \boldsymbol{I}_n - \boldsymbol{A}) = n-1$[12].

(iii) [定理 MA-5；(ii)] により，任意の $i \in \boldsymbol{N}$ に対して，$\mu_A \geqq \mu_{A\binom{i}{i}}$. また，[定理 MA-5；(i)] から，$\mu_{A\binom{i}{i}}$ は，$\boldsymbol{A}$ の $(n-1)$ 次主座小行列 $\boldsymbol{A}\binom{i}{i}$ の最大実根で，しかも，$\varphi(\mu) = \det(\mu \boldsymbol{I}_n - \boldsymbol{A})$ の最高次数 μ^n の係数 $=1$. したがって，[補助定理 MA-2] により，任意の $i \in \boldsymbol{N}$ に対して，

$$\text{(MA-41)} \qquad [adj(\mu_A \boldsymbol{I}_n - \boldsymbol{A})]_{ii} = (-1)^{2i} \det\left[\mu_A \boldsymbol{I}_{n-1} - \boldsymbol{A}\binom{i}{i}\right] = \det\left[\mu_A \boldsymbol{I}_{n-1} - \boldsymbol{A}\binom{i}{i}\right] \geqq 0.$$

12) 中山 (1995；付録〈定義 18；(iii)〉および [定理 19；(iv-ii)]) を参照のこと．

ただし，任意の $i, j \in \boldsymbol{N}$ に対して，$[adj(\mu_A \boldsymbol{I}_n - \boldsymbol{A})]_i$，$[adj(\mu_A \boldsymbol{I}_n - \boldsymbol{A})]^j$ および $[adj(\mu_A \boldsymbol{I}_n - \boldsymbol{A})]_{ij}$ は，それぞれ $adj(\mu_A \boldsymbol{I}_n - \boldsymbol{A})$ の第 i 行，第 j 列，第 (i, j) 要素を表すものとする．また，

$$(\mu_A \boldsymbol{I}_n - \boldsymbol{A})[adj(\mu_A \boldsymbol{I}_n - \boldsymbol{A})] = \boldsymbol{0}$$

および

$$\operatorname{rank}(\mu_A \boldsymbol{I}_n - \boldsymbol{A}) = n-1. \qquad [\cdots(\text{ii})$$

したがって，$[adj(\mu_A \boldsymbol{I}_n - \boldsymbol{A})]_{pq} \neq 0$ を満たす $p, q \in \boldsymbol{N}$ および $[adj(\mu_A \boldsymbol{I}_n - \boldsymbol{A})]^q = \alpha \boldsymbol{x}^A$ となる $\alpha \in \boldsymbol{R}$ が存在する．よって，

(MA-42) $$0 \leqq [adj(\mu_A \boldsymbol{I}_n - \boldsymbol{A})]_{qq} = \alpha x_q^A \qquad [\cdots(\text{MA-41})$$

および

(MA-43) $$0 \neq [adj(\mu_A \boldsymbol{I}_n - \boldsymbol{A})]_{pq} = \alpha x_p^A.$$

(i) により，$\boldsymbol{x}^A > \boldsymbol{0}$ なので，(MA-42)，(MA-43) から，$\alpha > 0$．それゆえ，

(MA-44) $$[adj(\mu_A \boldsymbol{I}_n - \boldsymbol{A})]^q = \alpha \boldsymbol{x}^A > \boldsymbol{0}$$

が成立する．さらに，$\boldsymbol{A}^t$ に (i) を再び利用すれば，$\boldsymbol{A}$ は μ_A に属する固有行ベクトル $\boldsymbol{y} > \boldsymbol{0}$ を持つ．そこで，この事実と (MA-44) を合わせれば，上記と同様の議論により，任意の $i \in \boldsymbol{N}$ に対して，$\alpha_i \in \boldsymbol{R}$ が存在し，

(MA-45) $$[adj(\mu_A \boldsymbol{I}_n - \boldsymbol{A})]_i = \alpha_i \boldsymbol{y}.$$

それゆえ，すべての $i \in \boldsymbol{N}$ に対して，

$$0 < [adj(\mu_A \boldsymbol{I}_n - \boldsymbol{A})]_{iq} = \alpha_i y_q \qquad [\cdots(\text{MA44}), (\text{MA-45})$$

が成立し，$\boldsymbol{y} > \boldsymbol{0}$ から，各 $\alpha_i > 0$ となる．したがって，$adj(\mu_A \boldsymbol{I}_n - \boldsymbol{A}) > \boldsymbol{0}$.

(iv) (iii) と［定理 MA-5；(v)］から求められる．

(v) (iii) により，

(MA-46) $$\varphi'(\mu_A) = \sum_{i=1}^{n} \det\left[\mu_A \boldsymbol{I}_n - \boldsymbol{A}\begin{pmatrix} i \\ i \end{pmatrix}\right] > 0.$$

そこで，μ_A の重複度 $\geqq 2$ とすると，$\varphi'(\mu)$ は，$(\mu - \mu_A)$ を少なくとも 1 つ

因数に持つため，$\varphi'(\mu_A)=0$ となり，(MA-46) に反する．したがって，μ_A は単根である．

(vi)

<u>$(\rho>\mu_A)\Rightarrow(\rho\boldsymbol{I}_n-\boldsymbol{A})^{-1}>[\boldsymbol{0}]$</u>　$\rho>\mu_A$ ならば，［定理 MA-5；(iv)］により，$(\rho\boldsymbol{I}_n-\boldsymbol{A})^{-1}\geq[\boldsymbol{0}]$．また，$\rho>\mu_A$ のとき，$\varphi(\rho)=\det(\rho\boldsymbol{I}_n-\boldsymbol{A})>0$ となることは，［定理 MA-5；(iv)］の証明中で示された．ゆえに，

$$[\boldsymbol{0}]\leq(\rho\boldsymbol{I}_n-\boldsymbol{A})^{-1}=\frac{adj(\rho\boldsymbol{I}_n-\boldsymbol{A})}{\det(\rho\boldsymbol{I}_n-\boldsymbol{A})}.$$

したがって，$adj(\rho\boldsymbol{I}_n-\boldsymbol{A})>[\boldsymbol{0}]$ をいえば，$(\rho\boldsymbol{I}_n-\boldsymbol{A})^{-1}>[\boldsymbol{0}]$ が示される．結論を否定して，ある $\rho>\mu_A$ が存在し，$adj(\rho\boldsymbol{I}_n-\boldsymbol{A})$ の第 q 列 $\equiv[adj(\rho\boldsymbol{I}_n-\boldsymbol{A})]^q\not>\boldsymbol{0}$ 仮定すると，

(MA-47)　　$[adj(\rho\boldsymbol{I}_n-\boldsymbol{A})]^q\geq[\boldsymbol{0}]$　　$[\cdots adj(\rho\boldsymbol{I}_n-\boldsymbol{A})\geq[\boldsymbol{0}]$

ゆえに，$\boldsymbol{I}_q=\{i\in\boldsymbol{N}\,|\,[adj(\rho\boldsymbol{I}_n-\boldsymbol{A})]_{iq}=0\}$ と定めれば，$\boldsymbol{I}_q\neq\phi$ かつ $\boldsymbol{I}_q\subset\boldsymbol{N}$．一方，

(MA-48)　　$(\rho\boldsymbol{I}_n-\boldsymbol{A})[adj(\rho\boldsymbol{I}_n-\boldsymbol{A})]^q\geqq[\boldsymbol{0}]$

$[\cdots(\rho\boldsymbol{I}_n-\boldsymbol{A})[adj(\rho\boldsymbol{I}_n-\boldsymbol{A})]=\det(\rho\boldsymbol{I}_n-\boldsymbol{A})\boldsymbol{I}_n$

よって，任意の $i\in\boldsymbol{I}_q$ に対して，

$$\begin{aligned}0&=(\rho-a_{ii})[adj(\rho\boldsymbol{I}_n-\boldsymbol{A})]_{iq} && [\cdots\boldsymbol{I}_q\text{ の定義}\\&\geqq\sum_{j\notin\boldsymbol{I}_q}a_{ij}[adj(\rho\boldsymbol{I}_n-\boldsymbol{A})]_{jq} && [\cdots(\text{MA-48})\\&\geqq 0 && [\cdots a_{ij}\geqq 0(i\neq j)\end{aligned}$$

が成立し，任意の $i\in\boldsymbol{I}_q$ と $j\notin\boldsymbol{I}_q$ に対して，$a_{ij}=0$ が導かれる．しかし，これは，$\boldsymbol{A}$ の分解不能性と矛盾する．

<u>$(\rho>\mu_A)\Leftarrow(\rho\boldsymbol{I}_n-\boldsymbol{A})^{-1}>[\boldsymbol{0}]$</u>　$(\rho\boldsymbol{I}_n-\boldsymbol{A})^{-1}>[\boldsymbol{0}]$ ならば，$(\rho\boldsymbol{I}_n-\boldsymbol{A})^{-1}\geq[\boldsymbol{0}]$．したがって，［定理 MA-5；(iv)］により，$\rho>\mu_A$ は明らかである．

(vii)

<u>$(^{\exists}\boldsymbol{x}\geq\boldsymbol{0}\,|\,\boldsymbol{A}\boldsymbol{x}>\boldsymbol{0})\Rightarrow(\mu_A>0)$</u>　$\boldsymbol{A}\boldsymbol{x}>\boldsymbol{0}$ を満たす $\boldsymbol{x}\geq\boldsymbol{0}$ が存在すれば，

(MA-49)　　$\boldsymbol{A}\boldsymbol{x}>\boldsymbol{0}.$

(MA-49) に，μ_A に属する $\boldsymbol{A}$ の固有行ベクトル $\boldsymbol{y}>\boldsymbol{0}$ を左乗すると，

$$\begin{aligned}\mu_A(\boldsymbol{yx}) &= \boldsymbol{yAx} \\ &> 0. \qquad [\because \boldsymbol{Ax}>\boldsymbol{0},\ \boldsymbol{y}>\boldsymbol{0}\end{aligned}$$

したがって，$\boldsymbol{x}\geq\boldsymbol{0}$ と $\boldsymbol{y}>\boldsymbol{0}$ から，$\mu_A>0$ が導かれる．

$(^\exists \boldsymbol{x}\geq\boldsymbol{0}\,|\,\boldsymbol{Ax}>\boldsymbol{0})\Leftarrow(\mu_A>0)$　(i) から $\boldsymbol{x}^A>\boldsymbol{0}$．ゆえに，$\mu_A>0$ ならば，$\boldsymbol{0}<\mu_A\boldsymbol{x}^A=\boldsymbol{Ax}^A$ が成立する．

(証明終)

[定理 MA-5] および [定理 MA-6] では，粗代替行列について論じてきた．そこで，$\boldsymbol{B}=-\boldsymbol{A}$ と定めれば，$\boldsymbol{B}$ は，すべての非対角要素が非正である n 次正方行列となる．したがって，粗代替行列 $\boldsymbol{A}$ に関する Frobenius の定理から，次の定理が導かれる．

[定理 MA-7]　Hawkins and Simon (1949)[13]

行列 $\boldsymbol{B}=[b_{ij}](i,j=1,\cdots,n)$ は，$b_{ij}\leqq 0(i\neq j)$ を満たす n 次正方行列とする．このとき，次の (i) ～ (v) は，互いに同値である．

(i)　$\boldsymbol{Ax}>\boldsymbol{0}$ は解 $\boldsymbol{x}>\boldsymbol{0}$ をもつ．

(ii)　$\mu_{(-B)}<0$，ただし，$\mu_{(-B)}$ は $-\boldsymbol{B}$ の Frobenius 根である．

(iii)　$\det\begin{bmatrix} b_{11} & \cdots & b_{1k} \\ \vdots & & \vdots \\ b_{k1} & \cdots & b_{kk}\end{bmatrix}>0$[14]　$(k=1,\cdots,n)$.

(iv)　任意の $\boldsymbol{c}\geqq\boldsymbol{0}$ に対して，ある $\boldsymbol{x}\geqq\boldsymbol{0}$ が存在し，$\boldsymbol{Bx}=\boldsymbol{c}$ が成立する．

(v)　$\boldsymbol{B}^{-1}\geq[\boldsymbol{0}]$.

---

13)　Takayama (1994; p. 360, pp. 380-386)，岡本・蔵田・小山 (1976; pp. 172-174)，小山 (1994, 第4巻; pp. 340-344) 等を参照．

14)　$\boldsymbol{B}$ の左上隅から k 行，k 列を選んで作られる次主座小行列の行列式である．

（証明） (i)⇒(ii)⇒(iii)⇒(iv)⇒(v)⇒(i) の順に循環的に示す．

(i)⇒(ii) $\boldsymbol{A}=-\boldsymbol{B}$ とおけば，$a_{ij}\geqq 0(i\neq j)$．よって，$\boldsymbol{A}$ は粗代替行列となる．そこで，μ_A に対応する $\boldsymbol{A}$ の固有行ベクトルを $\hat{\boldsymbol{y}}\in \boldsymbol{R}^n$ とすれば，$\hat{\boldsymbol{y}}\geq\boldsymbol{0}$[15] かつ $\mu_A\hat{\boldsymbol{y}}=\hat{\boldsymbol{y}}\boldsymbol{A}$．したがって，

(MA-50)
$$\begin{aligned}\mu_A\hat{\boldsymbol{y}}\boldsymbol{x} &= \hat{\boldsymbol{y}}\boldsymbol{A}\boldsymbol{x} \\ &= -\hat{\boldsymbol{y}}\boldsymbol{B}\boldsymbol{x} && [\because \boldsymbol{A}=-\boldsymbol{B} \\ &< 0 && [\because \hat{\boldsymbol{y}}>\boldsymbol{0},\ \boldsymbol{B}\boldsymbol{x}>\boldsymbol{0}\end{aligned}$$

が成立する．他方，$\hat{\boldsymbol{y}}\geq\boldsymbol{0}$ と $\boldsymbol{x}>\boldsymbol{0}$ から，$\hat{\boldsymbol{y}}\boldsymbol{x}>\boldsymbol{0}$．これを (MA-50) と合わせれば，$\mu_A=\mu_{(-B)}<0$ が示される．

(ii)⇒(iii) $\boldsymbol{A}=-\boldsymbol{B}$ および $\boldsymbol{B}_k=\begin{bmatrix} b_{11} & \cdots & b_{1k} \\ \vdots & \ddots & \vdots \\ b_{k1} & \cdots & b_{kk}\end{bmatrix}=-\boldsymbol{A}_k(k=1,\cdots,n)$

と定めれば，(ii) と［定理 MA-5；(ii)］により，

$$\mu_{A_k}\leqq\mu_A=\mu_{(-B)}<0.$$

ゆえに，

$$\begin{aligned}\det(\boldsymbol{B}_k) &= \det(-\boldsymbol{A}_k) \\ &= \det(0\cdot\boldsymbol{I}_n-\boldsymbol{A}_k) \\ &> 0. && [\because[\text{定理 MA-5；(iii)}]\end{aligned}$$

(iii)⇒(iv) 行列 $\boldsymbol{B}$ の次数 n に関する帰納法により証明する．

$n=1$ ならば，(iii) により $b_{11}>0$．ゆえに，任意の $c_1\geqq 0$ に対して，$b_{11}x_1=c_1\geqq 0$ は解 $x_{11}=\dfrac{c_1}{b_{11}}\geqq 0$ を持つ．

次に，$(n-1)$次まで (iv) が成立したと仮定し，n 次正方行列 $\boldsymbol{B}$ に対しても成立することを示す．したがって，$b_{11}>0$ を軸として掃き出し法を適用すれば，$\boldsymbol{B}\boldsymbol{x}=\boldsymbol{c}$ は，(MA-51) に変形される．

15) $\boldsymbol{A}^t$ に［MA-5； (i)］を適用することにより，$\hat{\boldsymbol{y}}\geq\boldsymbol{0}$ の存在は明らかである．

(MA-51)
$$\begin{bmatrix} 1 & \tilde{b}_{12} & \cdots & \tilde{b}_{1n} \\ 0 & \tilde{b}_{22} & \cdots & \tilde{b}_{2n} \\ \vdots & \vdots & & \vdots \\ 0 & \tilde{b}_{n2} & \cdots & \tilde{b}_{nn} \end{bmatrix} \boldsymbol{x} = \begin{bmatrix} \tilde{c}_1 \\ \tilde{c}_2 \\ \vdots \\ \tilde{c}_n \end{bmatrix}.$$

ただし，$\tilde{b}_{1j} = \dfrac{b_{1j}}{b_{11}} \qquad (j = 2, \cdots, n)$

$$\tilde{c}_1 = \frac{c_1}{b_{11}}$$

$$\tilde{b}_{ij} = b_{ij} - \tilde{b}_{1j} b_{i1} \qquad (i = 2, \cdots, n\,;\, j = 1, \cdots, n)$$

$$\tilde{c}_i = c_i - \tilde{c}_1 b_{i1} \qquad (i = 2, \cdots, n)$$

したがって，

$$\det\begin{bmatrix} b_{11} & \cdots & b_{1k} \\ \vdots & \ddots & \vdots \\ b_{k1} & \cdots & b_{kk} \end{bmatrix} = b_{11}\det\begin{bmatrix} \tilde{b}_{22} & \cdots & \tilde{b}_{2k} \\ \vdots & \ddots & \vdots \\ \tilde{b}_{k2} & \cdots & \tilde{b}_{kk} \end{bmatrix} > 0. \qquad (k = 2, \cdots, n)$$

[$\because b_{11} > 0$, (iii)

それゆえ，ただちに，

$$\det\begin{bmatrix} \tilde{b}_{22} & \cdots & \tilde{b}_{2k} \\ \vdots & \ddots & \vdots \\ \tilde{b}_{k2} & \cdots & \tilde{b}_{kk} \end{bmatrix} > 0 \qquad (k = 2, \cdots, n)$$

を得る．さらに，$b_{ij} \leqq 0 (i \neq j\,;\, i, j = 1, \cdots, n)$ と $c_i \geqq 0 (i = 1, \cdots, n)$ および $b_{11} > 0$ により，$\tilde{b}_{ij} \leqq 0 (i \neq j\,;\, i, j = 2, \cdots, n)$ と $\tilde{c}_i \geqq 0 (i = 1, \cdots, n)$ も明らかである．ゆえに，帰納法の仮定により，$\boldsymbol{y} = (y_2, \cdots, y_n)^t \geqq \boldsymbol{0}$ が存在して，

$$\tilde{\boldsymbol{B}}\boldsymbol{y} = \tilde{\boldsymbol{c}} \qquad ,$$

が成立する．ただし，

$$\tilde{\boldsymbol{B}} = \begin{bmatrix} \tilde{b}_{22} & \cdots & \tilde{b}_{2n} \\ \vdots & \ddots & \vdots \\ \tilde{b}_{n2} & \cdots & \tilde{b}_{nn} \end{bmatrix}, \qquad \tilde{\boldsymbol{c}} = \begin{bmatrix} \tilde{c}_2 \\ \vdots \\ \tilde{c}_n \end{bmatrix}.$$

そこで，$y_1 = \left(\dfrac{1}{b_{11}}\right)\left(c_1 = \sum_{j=2}^{n} b_{1j} y_j\right)$ および $\hat{\boldsymbol{y}} = (y_1, y_2, \cdots, y_n)^t$ と定めれば，

$y_1 \geqq 0.$　[$\because b_{11} > 0$, $c_1 \geqq 0$, $\boldsymbol{y} \geqq \boldsymbol{0}$ および $\forall j \in \{2, \cdots, n\}$, $b_{1j} \leqq 0$

それゆえ，

$$\hat{\boldsymbol{y}} \geqq \boldsymbol{0}$$

および

$$\begin{bmatrix} 1 & \tilde{b}_{12} & \cdots & \tilde{b}_{1n} \\ \boldsymbol{0} & & \tilde{\boldsymbol{B}} & \end{bmatrix} \hat{\boldsymbol{y}} = \begin{bmatrix} y_1 + \sum_{j=2}^{n} \tilde{b}_{1j} y_j \\ \tilde{\boldsymbol{B}}\boldsymbol{y} \end{bmatrix} \qquad [\cdots \hat{\boldsymbol{y}} \text{ の定義}$$

$$= \begin{bmatrix} \tilde{c}_1 \\ \tilde{\boldsymbol{c}} \end{bmatrix} \qquad [\cdots y_1 \text{ の定義，} \tilde{\boldsymbol{B}}\boldsymbol{y} = \tilde{\boldsymbol{c}}$$

を得る．したがって，任意の $\boldsymbol{c} \geqq \boldsymbol{0}$ に対して，ある $\hat{\boldsymbol{y}} \geqq \boldsymbol{0}$ が存在して，$\boldsymbol{B}\hat{\boldsymbol{y}} = \boldsymbol{c}$ が成立する．

(iv)⇒(v)　条件 (iv) より，第 $i(i \in \boldsymbol{N})$ 単位ベクトル $\boldsymbol{e}^i$ に対して，$\boldsymbol{Bx} = \boldsymbol{e}^i$ は，解 $\boldsymbol{x}^i \geqq \boldsymbol{0}$ を持つ．そこで，すべての $i \in \boldsymbol{N}$ に対して，$\boldsymbol{x}^i \geq \boldsymbol{0}$ であることを示すため，$\boldsymbol{x}^{i_0} = \boldsymbol{0}$ を満たす $i_0 \in \boldsymbol{N}$ の存在を仮定すれば，

$$\boldsymbol{0} = \boldsymbol{B}\boldsymbol{x}^{i_0} \qquad [\cdots \boldsymbol{x}^{i_0} = \boldsymbol{0}$$

$$= \boldsymbol{e}^{i_0}$$

$$\geq \boldsymbol{0}.$$

しかし，これは，明らかに自己矛盾である．ゆえに，すべての $i \in \boldsymbol{N}$ に対して，$\boldsymbol{x}^i \geq \boldsymbol{0}$.

一方，

$$\boldsymbol{B}[\boldsymbol{x}^1, \cdots, \boldsymbol{x}^n] = [\boldsymbol{e}^1, \cdots, \boldsymbol{e}^n] \qquad [\cdots {}^\forall i \in \boldsymbol{N}, \ \boldsymbol{B}\boldsymbol{x}^i = \boldsymbol{e}^i$$

$$= \boldsymbol{I}_n.$$

上式の両辺に $\boldsymbol{B}^{-1}$ を左乗すれば，$[\boldsymbol{x}^1, \cdots, \boldsymbol{x}^n] = \boldsymbol{B}^{-1}$．したがって，各 $\boldsymbol{x}^i \geq \boldsymbol{0}$ により $\boldsymbol{B}^{-1} \geq [0]$ を得る．

(v)⇒(i)　$\boldsymbol{B}^{-1} \geq [0]$ ならば，$\boldsymbol{B}^{-1}$ の各行に少なくとも 1 個の正要素が存在する．ゆえに，任意の $\boldsymbol{z} > \boldsymbol{0}$ に対して，

$$\boldsymbol{0} < \boldsymbol{B}^{-1}\boldsymbol{z} \qquad [\cdots \boldsymbol{B}^{-1} \geq [0]$$

が成立する．$\boldsymbol{B}^{-1}\boldsymbol{z} = \boldsymbol{x}$ と定めれば，$\boldsymbol{x} > \boldsymbol{0}$．さらに，上式に $\boldsymbol{B}$ を左乗して，$\boldsymbol{0} < \boldsymbol{z} = \boldsymbol{Bx}$．よって，(i) が示された．

（証明終）

([定理 MA-7; (iii)] に関する注意): 一般に, (iii) は, Hawkins-Simon 条件と呼ばれている. また, (ii)⇒(iii)の証明において, $\boldsymbol{B}_k$ を $\boldsymbol{B}$ の左上隅から k 行, k 列を取った k 次主座小行列と定めたが, この $\boldsymbol{B}_k$ を $\boldsymbol{B}$ の任意の $k(k \in \boldsymbol{N})$ 次主座小行列で置き換えてもかまわない. なぜならば, 行と列の identical な互換によって, $\boldsymbol{B}$ の任意の k 次主座小行列を $\boldsymbol{B}_k$ とみなすことが可能で, しかも, この互換は $\mu_{(-\boldsymbol{B})}$ を不変に保つからである.

参考文献

Allen, P.R. (1972) "Taxes and Subsidies in Leontief's Input-Output Model: Comment", *Quarterly Journal of Economics*, Vol. 86, pp. 148-153.

天野明弘 (2001)「持続可能な発展の条件」環境経済・政策学会編『経済発展と環境保全』東洋経済新報社, pp. 243-257.

Anderson, T. M. and K. O. Moene ed. (1993) *Endogenous Grawth*, Blackwell.

荒木光彦 (1976)「M 行列とその応用－Ｉ」『システムと制御』Vol. 20, No. 12, pp. 675-680.

荒木光彦 (1977a)「M 行列とその応用－II」『システムと制御』Vol. 21, No. 2, pp. 114-121.

荒木光彦 (1977b)「M 行列とその応用－III」『システムと制御』Vol. 21, No. 3, pp. 179-184.

荒木光彦 (1977c)「M 行列とその応用－IV」『システムと制御』Vol. 21, No. 4, pp. 214-222.

Arrow, K. J. and M. Kurz (1970) *Public Investment, the Rate of Return, and Optimal Fiscal Policy*, The Johns Hopkins University Press.

Atsumi, H. (1981) "Taxes and Subsidies in the Input-Output Model", *Quarterly Journal of Economics*, Vol. 96, pp. 27-45.

Basu, K. (1984) "Fuzzy Revealed Preference Theory", *Journal of Economic Theory*, Vol. 32, pp. 212-227.

Bazaraa, M. S., H. D. Sherali and C. M. Shetty (1993) *Nonlinear Programming: Theory and Algorithms* (Second Edition), John Wiley & Sons, Inc..

Bergh, J. C. J. M. van den ed. (1999) *Handbook of Environment and Resource Economics*, Cheltenham: Edward Elgar.

Billot, A. (1992) *Economic Theory of Fuzzy Equilibria-An Axiomatic Analysis-*(Lecture Notes in Economics and Mathematical Systems 373), Springer-Verlag.

Bon, R. (1977) "Some Conditions of Macroeconomic Stability in Multiregional Models", *Economic Analysis and Worker's Management*, Vol. 16, pp. 65-87.

Bon, R. (1984), "Comparative Stability Analysis of Multiregional Input-Output Models: Column, Row and Leontief-Strout Gravity Coefficient Models", *Quarterly Journal of Economics*, Vol. 99, pp. 791-815.

Chenery, H. B. (1956) "Interregional and International Input-Output Analysis", *The Structural Interdependence of the Economy*, ed. T. Barna, John Wiley & Sons, Inc., pp. 341-356.

Dasgupta, P. and G. Heal (1974) "The Optimal Depletion of Exhaustible Resources", *Review of Economic Studies, Symposium*, pp. 3-28.

Dasgupta, P., P. Hammond and E. Maskin (1980) "On Imperfect Information and Optimal Pollution Control", *Review of Economic Studies*, Vol. 47, No. 5, pp. 857-860.

Dragun, A. K. and K. M. Jacobsson (1997) *Stability and Global Environmental Policy*, Edward Elgar.

Dubois, D. and H. Prade (1980) *Fuzzy Sets and Systems : Theory and Applications*, Academic Press.

Frobenius, G. (1908) "Über Matrizen aus Positiven Elementen I", *Sitzungsberichte der königlichpreussichen Akademie der Wissenschaften*, pp. 471-476.

Frobenius, G. (1909) "Über Matrizen aus Positiven Elementen II", *Sitzungsberichte der königlichpreussichen Akademie der Wissenschaften*, pp. 514-518.

藤川清史 (1999)『グローバル経済の産業連関分析』創文社.

古屋茂 (1970)『行列と行列式』(増補第 30 刷) 培風館.

Goldman, A. J. and A. W. Tucker (1956) "Theory of Linear Programming", in eds. H. W. Kuhn and A. W. Tucker, *Linear Inequalities and Related H. A. Systems*, pp. 53-97, Princeton University Press.

Hawkins, D. and H. A. Simon (1949) "Some Conditions of Macroeconomic Stability", *Econometrica*, Vol. 17, pp. 245-248.

氷鉋揚四郎 (1995) "環境質計画モデルによる環境付加価値税の導出", *Proceedings of The 32th Annual Meeting of the Japan Section of the RSAI*.

本多中二・大里有生 (1991)『ファジイ工学入門』海文堂出版株式会社.

堀内清光 (1998)『ファジイ数学』大阪教育図書株式会社.

細江守紀・藤田敏之編 (2002)『環境経済学のフロンティア』勁草書房.

井原健雄 (1996)『地域の経済分析』中央経済社.

Intriligator, M. D. (1978) *Mathematical Optimization and Economic Theory*, Prentice-Hall Inc..

Isard, W. (1951) "Interregional and Regional Input-Output Analysis : A Model of a Space Economy", *Review of Economics and Statistics*, Vol.

33, pp. 318-328.

Isard, W. (1960) *Models of Regional Analysis : An Introduction to Regional Science*, MIT Press (笹田友三郎訳 (1969)『地域分析の方法——地域科学入門—』朝倉書店).

Kaufmann, A. and M. M. Gupta (1998) *Fuzzy Mathematical Models in Engineering and Management Science*, Elsevier Science Publishers B. V. (田中秀夫・松岡浩訳 (1992)『ファジイ数学モデル』オーム社).

Keeler, E., M. Spence and R. Zeckhauser (1971) "The Optimal Control of Pollution", *Journal of Economic Theory*, Vol. 4, No. 1, pp. 19-34.

Kemp, M. C. and Y. Kimura (1978) *Introduction to Mathematical Economics*, Springer-Verlag.

Kimura Y. and H. Kondo (1976) "An Optimal Spatial Allocation of Antipollution Investment", in eds. L. R. Chow and Y. Oishi, *Proceedings of the Fourth Pan-Pacific Conferrence on Regional Science*, pp. 313-329.

Kimura, Y. (1983) "Taxes and Subsidies in the Interregional Input-Output System : Some Properties of Inverse of M-Matrix", *Papers of Regional Science Association*, Vol. 51, pp. 163-177.

河野博忠・氷鉋揚四郎 (1992)「地域間物質循環鉄則に依拠した新しいピグー経済政策」『環境問題と環境政策』勁草書房, pp. 262-271.

小山昭雄 (1994)『経済数学教室』(第1巻～第8巻) 岩波書店.

Leontief, W. (1970) "Environmental Repercussion and the Economic Structure : An Input-Output Approach", *Review of Economics and Statistics*, Vol. 52, pp. 262-271.

Mamdani, E. (1976) "Advances in the Linguistic Synthesis of Fuzzy Controller", *International Journal of Man-Machine Studies*, Vol. 8, pp. 669-678.

Markandya, A., P. Harou, L. G. Belli and V. Cistulli (2002) *Environmental Economics for Sustainable Growth*, Edward Elgar.

Metzler, L. A. (1951) "Taxes and Subsidies in Leontief's Input-Output Model", *Quarterly Journal of Economics*, Vol. 65, pp. 433-438.

三橋規宏 (1998)『環境経済入門』日本経済新聞社.

水本雅晴 (1988)『ファジイ理論とその応用』サイエンス社.

水本雅晴 (1989)「わかりやすいファジイ理論III—ファジイ推論とファジイ制御」『コンピュートロール』No. 28, pp. 32-45.

水本雅晴編 (1992)『講座ファジイ第2巻　ファジイ集合』日刊工業新聞社.

Miyazawa, K. (1976) *Input-Output Analysis and the Structure of Income*

Distribution (Lecture Notes in Economics and Mathematical Systems 116), Springer-Verlag.

宮沢健一 (2001)『環境経済学』(第16刷) 岩波書店.

宮沢健一編 (2002)『経済学入門シリーズ　産業連関分析入門』(第7版第1刷) 日本経済新聞社.

Morishima, M. and T. Fujimoto (1974) "The Frobenius Theorem, its Solow-Samuelson and the Kuhn-Tucker Theorem", *Journal of Mathematical Economics*, Vol. 1, pp. 199-205.

Moses, L. N. (1955) "The Stability of Interregional Trade Patterns and Input-Output Analysis", *American Economic Review*, Vol. 45, pp. 803-832.

Moses, L. N. (1960) "A General Equilibrium Model of Production, Interregional Trade and Location of Industry", *Review of Economics and Statistics*, Vol. 42, pp. 373-397.

村上周太編 (1993)『講座ファジイ第5巻　ファジイ制御』日刊工業新聞社.

Murata, Y. (1977) *Mathematics for Stability and Optimization of Economic Systems*, Academic Press.

Nakayama, K. and Y. Uekawa (1992) "Optimal Growth and Environmental Regulation by Means of Fuzzy Control", *Studies in Regional Science*, Vol. 22, No. 2, pp. 31-65.

中山惠子 (1988)「多地域産業連関モデルにおけるレオンティエフ行列の非負逆転可能性について」『名古屋市立大学経済学会誌オイコノミカ』第25巻第2号, pp. 183-197.

中山惠子 (1994)「非線形変換に関するFrobeniusの定理について」『中京大学経済学論叢』第5号, pp. 63-72.

中山惠子 (1995)『非線形計画と非線形固有値問題』勁草書房.

Nakayama, K. (1997) "On the Analysis of Abatement Activity in Regional Input-Output Models", *Chukyo Economic Review*, No. 9, pp. 177-193.

Nakayama, K. (1998) "Taxes and Subsidies in Leontief's Input-Output Model: A Further Consideration", *Studies in Regional Science*, Vol. 26, No. 2, pp. 59-70.

Nakayama, K. (2001) "Effect of Redistribution of Final Demands in a Leontief System Involving Abatement Activities",『日本観光学会誌』第39号, pp. 38-48.

日本ファジイ学会編 (2000)『ファジイソフトコンピューティングハンドブッ

ク』共立出版.
日本数学会編 (1990)『岩波数学辞典』(第3版) 岩波書店.
二階堂副包 (1966)『新数学シリーズ22 経済のための線型数学』(初版第7刷) 培風館.
Nikaido, H. (1968) *Convex Structures and Economic Theory*, Academic Press.
二階堂副包 (1970)『現代経済学の数学的方法』(第6刷) 岩波書店.
岡本哲治・蔵田久作・小山昭雄編 (1976)『経済数学―近代経済学を学ぶために―』(初版第4刷) 有斐閣.
Onuma, A. (1999) "Sustainable Consumption, Sustainable Development, and Green Net National Product", *Environment Economics and Policy Studies*, Vol. 2, pp. 187-197.
Pearce, D. W., A. Markandya and E. B. Barbier (1990) *Blueprint for a Green Economy*, Earthscan (和田憲昌訳 (1994)『新しい環境経済学 持続可能な発展の理論』ダイヤモンド社).
Ponsard, C. (1988) "Fuzzy Mathematical Models in Economics", *Fuzzy Sets and Systems*, Vol. 28, pp. 273-283.
坂和正敏 (1990)『ファジイ理論の基礎と応用』(第1版第2刷) 森北出版株式会社.
佐和隆光・植田和弘編 (2002)『環境の経済理論』岩波書店.
柴田弘文 (2002)『環境経済学』東洋経済新報社.
Solow, R. (1952) "On the Structure of Linear Models", *Econometrica*, Vol. 20, pp. 29-46.
Sonis, M. and G. J. D. Hewings (1995) "Matrix Sensitivity, Error Analysis and Internal/External Multiregional Multipliers", *Hitotsubashi Journal of Economics*, No. 36, pp. 61-70.
高萩栄一郎 (1992)「経済学におけるあいまいさの取り扱い」『日本ファジイ学会誌』Vol. 4, No. 6, pp. 1021-1026.
Takayama, A. (1991) *Mathematical Economics* (Second Edition), Cambridge University Press.
Takayama, A. (1994) *Analytical Methods in Economics*, Harvester Wheatsheaf.
竹内啓 (1992)『線形数学』(補訂第14刷) 培風館.
谷山新良 (1998)『産業連関論』(第4刷) 大明堂.
津野義道 (2001)『経済数学II 線形代数と産業連関論』(初版第9刷) 培風館.

上河泰男・木村吉男（1987）『理論経済学』東洋経済新報社.

Uekawa, Y. and H. Ohta (1974) "Environmental Regulation and Optimal Growth", *Working Paper*, No. 18, The Institute of Economic Research, Kobe University of Commerce.

植田和弘（1996）『環境経済学』（現代経済学入門）岩波書店.

植田和弘・落合仁司・北畠佳房・寺西俊一（1992）『環境経済学』（有斐閣ブックス）有斐閣.

矢川元基編（1991）『計算力学とCAEシリーズ4　ファジイ推論―計算力学・応用力学への応用』培風館.

Zadeh, L. A. (1987) *Fuzzy Sets and Applications*, John Wiley & Sons, Inc..

索　　引

ハ 行

マ 行

ラ 行

著者略歴

1988年3月，名古屋市立大学大学院経済学研究科博士課程単位取得退学．1988年4月以降，名古屋市立大学経済学部助手，京都学園大学経済学部専任講師を経て，現在，中京大学経済学部教授．

中京大学経済学研究叢書第11輯

投入産出分析と最適制御の環境保全への応用

2003年4月15日　第1版第1刷発行

著　者　中　山　恵　子

発行者　井　村　寿　人

発行所　株式会社　勁　草　書　房

112-0005　東京都文京区水道2-1-1　振替　00150-2-175253
（編集）電話 03-3815-5277／FAX 03-3814-6968
（営業）電話 03-3814-6861／FAX 03-3814-6854

精興社・牧製本

http://www.keisoshobo.co.jp

投入産出分析と最適制御の環境保全への応用

2019年8月20日　オンデマンド版発行

著　者　中　山　恵　子

発行者　井　村　寿　人

発行所　株式会社　勁(けい)　草(そう)　書　房

112-0005 東京都文京区水道2-1-1　振替　00150-2-175253
（編集）電話03-3815-6277／FAX 03-3814-6968
（営業）電話03-3814-6861／FAX 03-3814-6854
印刷・製本　（株）デジタルパブリッシングサービス

AK653

ISBN978-4-326-98389-6　Printed in Japan

http://www.keisoshobo.co.jp